岩土工程勘察技术

胡文奎　马 敏　李 涛　主编

江西科学技术出版社

图书在版编目（CIP）数据

岩土工程勘察技术 / 胡文奎, 马敏, 李涛主编. --
南昌 ：江西科学技术出版社, 2023.10
ISBN 978-7-5390-8720-7

Ⅰ. ①岩… Ⅱ. ①胡… ②马… ③李… Ⅲ. ①岩土工程—地质勘探 Ⅳ. ①TU412

中国国家版本馆 CIP 数据核字(2023)第 181780 号

国际互联网（Internet）地址：
http://www.jxkjcbs.com
选题序号：ZK2023223

岩土工程勘察技术　　胡文奎　马敏　李涛　主编
YANTU GONGCHENG KANCHA JISHU

出版发行　江西科学技术出版社
社址　南昌市蓼洲街 2 号附 1 号
邮编：330009　电话：（0791）86624275　86610326（传真）
印刷　济南文达印务有限公司
经销　各地新华书店
开本　710mm×1000mm　1/16
字数　200 千字
印张　13.5
版次　2024 年 5 月第 1 版
印次　2024 年 5 月第 1 次印刷
书号　ISBN 978-7-5390-8720-7
定价　58.00 元

赣版权登字-03-2023-169

《岩土工程勘察技术》

编委会

主　编　胡文奎　马　敏　李　涛

副主编　吴安喜　刘焕玉　吴明雷

前　言

岩土工程(Geotechnical Engineering)，直译为“地质技术工程”，是欧美国家于20世纪60年代在前人土木工程实践的基础上建立起来的一个新的技术体系，它主要是研究岩体和土体工程问题的一门学科。岩土工程勘察是土木工程的一个组成部分，在实际工程中，岩土问题是影响工程质量的主要因素之一，所以岩土工程勘察在工程建设中有着举足轻重的地位。

岩土工程勘察技术是建设工程勘察的重要手段，直接服务于地基和基础工程设计。采用合理的勘察技术手段是确保建设工程安全稳定、技术经济合理的关键。本书结合了编者及其团队的多年实践的经验，以实用技术及理论基础并重为原则，协调好基础理论与现代科技间的关系，吸收先进的生产设备和生产工艺，统筹安排各章内容，更能贴近生产实践。

本书以工程地质的理论做基础，分析了岩土构造和性质，继而深入地讲述了岩土工程勘察的技术，最后阐述了有关质量控制与评价方法的基础理论，系统分析了影响岩土工程勘察质量的主要因素以及质量控制要点，对工程勘察质量控制与评价方法为中心做了全方位的研究，在一定程度上反映了国内工程勘察的先进经验和技术成就，可作为道路桥梁工程技术、建筑工程技术、市政工程技术以及其他岩土施工类相关专业的工程技术人员作为参考。

本书共计九个章节，由来自济南市勘察测绘研究院的胡文奎、马敏、李涛、吴安喜、刘焕玉、吴明雷共同编写，限于编者的水平及认识的局限性，书中难免有不当之处，恳请广大读者批评指正。

目　录

第一章　绪论

第一节　概述

一、岩土工程勘察的内容

岩土问题是影响工程质量的主要因素，岩土工程勘察是工程规划设计建设的基础工作，利用勘察技术为工程建设提供可靠的地质资料非常重要，勘察研究对象涉及地下水补给贮存等。工程项目设计施工中对岩土工程勘察结果准确性客观性要求较高，应通过多项勘察技术综合应用了解地质特征，岩土工程施工应用综合勘察技术要结合实际情况合理选用技术方法，目前岩土工程勘察领域有很多技术设备得到推广，岩土工程勘察采用技术方法包括地质测绘、原位测试等，物探技术与工程地质勘探结合为工程地质带来技术革命。

岩土工程勘察工作按阶段进行包括可研初步勘察与详勘阶段，选址勘察主要作用是收集目标场地地质情况，通过技术经济方案对比选址最佳施工场地，按照主次划分为后续现场勘察提供便利。应收集方案场地详细地貌地质等，对已有资源全面分析实地考察明确场地岩土性质及详细地质结构，如工程资料数据不足通过工程外滩方法实地勘测详细收集相关资料。

初步勘察是为保证施工现场稳定性进行岩土工程深入评估，勘察工作主要在建筑范围内进行，主要技术手段包括土工测试开展及岩土工程地质测绘等。应根据勘察需求确定详细勘测工作内容，对场地存在的恶劣地质问题深入分析，明确对场地稳定性的影响程度等。要了解场地地质结构构造特点，具体勘测场地分析后需要明确对地震承受程度，场地存在季节性冻土应查明最大深度为后续勘察提供参考。详勘阶段主要工作内容是分析治理效果不佳的地质条件，对具体工程安排进行分析评估，详勘主要借鉴施工地基问题工作内容复杂。

质量控制是岩土工程勘察工作的重点，做好质量控制才能保证勘察结果的准确性，岩土工程勘察质量控制要注意做好开工前准备工作，加强施工过程与结果控制。岩土工程勘察项目施工方法主要是项目建设阶段使用勘察技术手段、施工组织方案等。大体量工程项目岩土工程勘察工作要求技术方法具有可靠性，制定工程项目勘察方案要按照不同建设项目特点等选择合适的勘察方法，结合施工顺序确定科学高效的勘察方法。施工质量管理环境因素指施工单位管理体系与各部门间相互配合因素，岩土工程勘察项目实施中受到环境因素影响较大，需要加强自然环境与管理环境的控制。岩土工程综合勘察技术应用要注意科学分析获取数据，应用勘察技术进行岩土工程勘察由于采用不同勘察技术勘测，通过技术设备获取数据信息对比分析完成勘察区域岩土工程质量情况曲线绘制等工作。岩土工程应用综合勘察技术要根据区域实际情况合理选用技术方法，如大地熔岩电磁技术在抗电磁干扰能力等方面具有局限性；应加强对工程区域土壤硬度数据收集分析。工作人员要具备良好的职业道德，按照岩土工程勘察规范要求进行钻探取样等重点控制。原位测试在确定地基承载力方面具有重要作用，严禁野外勘察后补填。岩土工程勘察后续工作是验证岩土工程勘察结果准确性的阶段，后续工作包括对施工方法与参数选取进行现场指导等。

二、岩土工程勘察的特点

先勘察后设计再施工，既是工程建设必须遵守的程序，也是工程建设一再强调的、十分重要的基本原则。岩土工程勘察要全面地为设计、施工提供依据，就应为建设场地的选择、工程的总体规划及施工全过程提供各种必需的工程地质及岩土工程资料，对工程地质如岩土工程在定性评价的基础上作出定量的评价。因此，岩土工程勘察的基本特点是研究地质问题必须考虑它们与工程建设的关系及其相互影响，预测工程建设活动与地质环境间可能产生的工程地质作用的性质和规模及将来的发展趋势。在具体勘察过程中，必须用地质分析的方法详细研究建设场地或周围的地形、地貌、地层、岩性、地质构造及水文地质条件、自然地质现象等。除用地质分析方法对地质条件作定性评价外，还要用室内和现场原位测试的理论和计算方法进行定量的岩土工程评价，提供结论性的意见和可靠的设计参数，供设计和施工直接应用。另外还要在分析评价的基础上，提出岩土工程处理措施和意见，提出如何充分利用有利工程地质条件的建议，提出切合工程实际的改造不利工程地质条件的具体方案和施工方法，使工程建设符合经济合理、运行安全的原则。

第二节　岩土工程勘察的目的与任务

任何建筑物都支承在岩土体上，建筑物的重量通过其基础传到地基中。要保证建筑物的安全与正常使用，必须有良好的地基条件和与之相适应的基础。因此，地基也是一种承受荷载的材料。对于这种特殊材料，在建筑物基础施工前就需要找出它的分布规律，弄清有关的物理力学性质等，才能为设计和施工提供依据。岩土工程勘察的目的是：运用各种勘察测试手段和方法对建筑场地进行调查研究和分析判断，研究修建各种工程建筑物的地质条件和建设对自然地质环境的影响；研究地基、基础及上部结构共同工作时，保证地基强度、稳定性以及使其不致有不容许变形的措施；提出地基的承载能力，提供基础设计和施工以及必要时进行地基加固所需用的工程地质和岩土工程资料。

综上所述，建设场地和地基的岩土工程勘察也是综合性的工程地质调查，其基本任务主要是：

（1）查明建筑场区的地形、地貌、气象和水文等自然条件。

（2）研究场区内的崩塌、滑坡、岩溶、岸边冲刷等不良地质现象，分析和判明对建筑场地稳定性的危害程度。

（3）查明地基岩土层的构造、形成年代、成因、土质类型及其埋藏分布情况。

（4）测定建筑物地基土层的物理力学性质并研究其在建筑物建造和使用期间可能发生的变化。

（5）查明地下水类型、水质及埋深、分布与变化情况。

（6）按照设计和施工要求对场地和地基的工程地质条件进行综合的岩土工程评价，提出合理的结论和建议。

（7）对不利于建筑的岩土层提出切实可行的处理方案。

第三节　岩土工程勘察技术质量控制问题分析

随着城市化进程的加快，大城市规模不断扩大，土木工程功能化与交通高速化成为现代土木工程的主要特点，土木工程建设中岩土工程勘察作用日益突出，要求建立适合我国国情的质量控制机制，现有岩土工程勘察技术水平不能适应新需求，近几年岩土工程勘察问题成为影响建设项目质量安全的重要因素。需要分析岩土工程勘察施工常见问题，总结岩土工程勘察技术管理的有效措施。

一、岩土工程勘察施工中的问题

岩土工程勘察是土木工程的重要部分，岩土问题是影响工程质量的主要因素，岩土工程勘察任务是按照工程建设勘察阶段要求为设计施工等提供地质资料。目前岩土工程勘察面临管理工作不完善，忽视区域水文地质的详细研究，岩土工程勘察规范有待完善等问题。岩土工程勘察施工问题主要体现在勘察目标不明确，安排工作不到位、工作人员素质不高等。岩土工程勘察设备问题主要是未达到国家标准要求，设备精度有限等，部分施工单位使用设备陈旧影响土工实验的科学性。部分勘察人员工作缺乏责任意识，影响工程设计的安全性。

岩土勘察技术落后原因复杂，由于岩土勘察工作缺乏高素质人才导致技术发展滞后。我国有关单位对岩土勘察重视度不够，制约岩土勘察技术的进步。岩土工程是工程建设的重要部分，有些工程建设中勘察数据不够精准，主要由于勘察人员综合素质较低，有的工程建设中忽略勘察环节直接施工导致造成严重后果。建筑单位未对勘察设备维护保养导致降低使用寿命，岩土工程勘察中使用设备存在质量问题会导致出现安全事故。岩土勘察为工程施工做好准备，要对岩土勘察过程进行监理，岩土工程勘察中大部分施工监理单位为节约资金缺乏不重视监理工作，如勘察人员为完成工作任务编造勘测数据。勘察单位技术水平参差不齐，一些建设单位在地质勘察工作中不能按照规范要求科学开展工作，盲目降低勘察造价缩短周期减少资金投入，导致影响勘察工作质量。野外测试中不能规范详细记录，不能在相关规范要求下对物理力学性质指标科学描述。未经科学编制的勘察方案不能指导岩土工程勘察工作顺利开展；岩土工程勘察中工作人员技能欠缺，不重视新技术设备的应用，不能对地质条件全面深入分析。

二、岩土工程勘察作业管理问题

岩土工程勘察质量受到多方面因素的影响，主要原因包括忽视区域地质水文的详细研究，勘察管理工作不完善等。健全工程建设项目标准体系是打造高质量工程的基础，发达国家实施系列建设技术规范，目前我国岩土行业规范为《岩土工程勘察规范》，岩土规范仍存在部分缺陷，随着工程建设标准提高，导致现有岩土规范不能满足国内工程建设发展要求。勘察工作人员要结合工程场地开展勘察工作，大部分工程项目仅对区域内小面积勘察，结果导致编制勘察报告不符合岩土工程勘察地区实际情况。

随着国家基础建设的快速发展，勘察企业业务水平不断提高，但勘察单位未重视管理工作，仅简单记录结合实验数据编制勘察报告导致降低准确性。岩土工程勘察质量控制受到机械材料与方法环境等方面因素的影响，人的因素是导致事故发生的关键因素，人是岩土工程勘察项目快速完成的基础，岩土工程勘察阶段要注重以人为本的原则，由于人的主动性在工程项目管理中难以把控，建立有效的监督检查管理体系尤为重要。工程材料是工程建设项目的物质基础，材料差异对岩土工程勘察质量产生影响。工程材料选择要选用质量较好的产品，工程材料按照要求验收合格后才能进入施工场地，避免材料功能质量受到外界环境的影响。机械设备是岩土工程勘察工作顺利完成的工具保障，随着工程项目体量增大，相关仪器机械数量需要增加，对仪器机械性能标准不断提高。岩土工程勘察项目工作分为内外业方面，岩土工程勘察实施中机械工具的质量非常重要，优良的机械设备可以缩短工期减少成本。

第四节　岩土工程勘察工作的流程

随着房屋桥梁等大型工程项目建设发展，对岩土工程勘察治理提出更高的要求。岩土工程勘察项目工作结构分解建立是质量控制的基础。岩土工程勘察工作范围指符合工程要求下为达到预期结果进行的工作内容，岩土工程勘察范围包括工作根据建设项目不同变化。岩土工程勘察工作贯穿于工程建设过程各阶段，岩土工程勘察质量管理要进行多方面考虑，勘察单位承担主要岩土勘察任务，岩土勘察工作分为内外部工作，外部工作是关于与建设单位与监管机构的交流协商活动行为，主要内容是围绕勘察设计任务完成可研初步勘察等专业工作。

岩土工程勘察施工中要加强事前准备工作，明确勘察目标合理安排工作。勘察作业管理要加强规范的制定健全，合理选择勘察技术方法，加强对科学测试技术的意义，做好勘察前的准备工作。图 1-1 为岩土工程勘察工作流程，岩土工程勘察中实施实地勘察要有明确的规范工作标准，一些地质条件不好的地区开展岩土工程勘察需要将规范运用作为指导，需要制定健全的勘察规范，不同施工地点条件遵循勘察规范不同，需要科学调整工程勘察规范保证勘察工作顺利开展。现阶段很多科技应用推动相关行业的发展，建筑岩土工程勘察要应用科学测试技术，岩土工程勘察工作中要积极引入测试技术确保勘察结果正确性。室外测试技术是科技发展的产物，先进性测试技术应用可以解决传统资料不详细的问题，现代化技术手段应用有助于岩土工程勘察工作的顺利开展。岩土工程勘察工作中可以运用不同的勘察方法，良好的岩土，工程勘察法有助于岩土工程的顺利开展，提升勘察工作质量水平口。

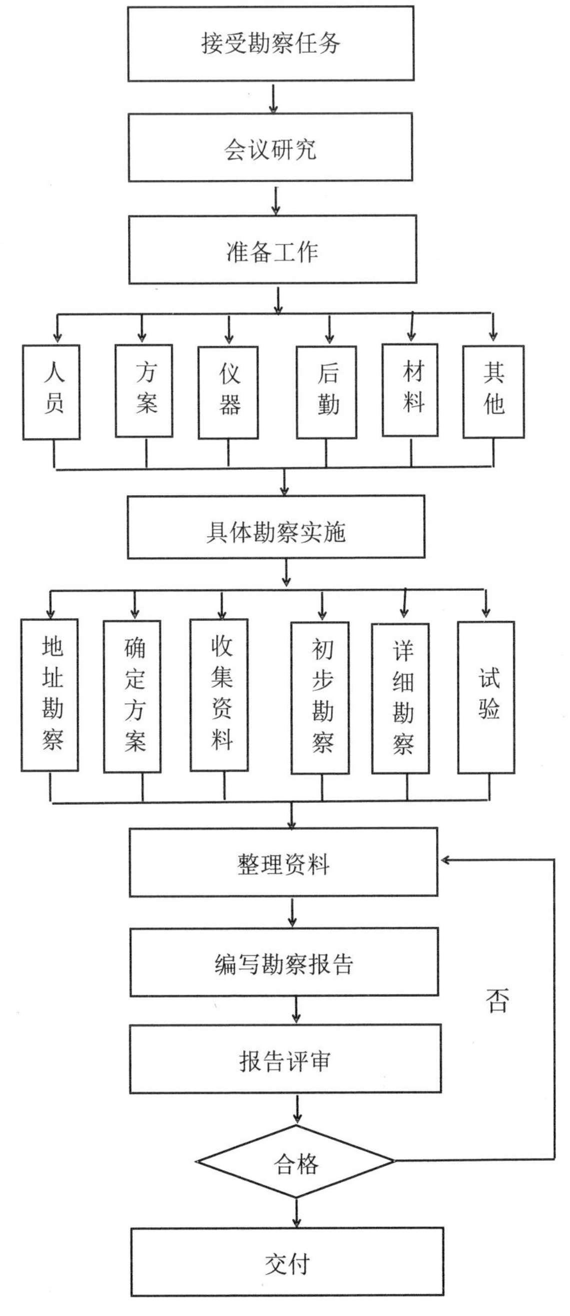

图 1-1　岩土工程勘察工作流程

随着区域一体化的发展，勘察行业竞争日趋激烈，随着国家政策的推进，勘察企业开拓新的海外市场成为国际承包市场中的生力军。现阶段我国快速高效地进行基础工程建设，建设项目标准较高部分工程出现质量较差的问题，主要原因是岩土工程勘察质量管理不合理。岩土工程勘察工作质量关系到群众的生命财产安全，要加强岩土工程勘察作业控制，有效保证工程建设质量。岩土工程勘察传统钻探勘探技术无法揭示勘探点间相关地质体变化情况，瞬态面波法有效探测深度影响，通过高密度电阻率法查明测区主要岩土层分布。综合勘察应合理选择采用有效的勘察方法，要根据工程区域实际情况灵活选用综合勘察技术，为工程项目规划建设提供可靠参考依据。

第二章　工程地质岩石的认识

第一节　岩浆岩

一、岩浆岩的成因

（一）岩浆岩的概念

火山喷发时，会从地壳深部喷出大量的炽热气体和熔融物质，这些熔融物质就是岩浆。岩浆岩是由高温熔融的岩浆在地表或地下经冷凝所形成的岩石，也称火成岩。

（二）岩浆岩的类型

岩浆岩按其生成环境可分为浸入岩和喷出岩。岩浆从地壳深部向上侵入的过程中，有的在地下冷凝结晶成岩石，即侵入岩；有的喷射或溢出地表后才冷凝而成岩石，即喷出岩。

二、岩浆岩的产状

岩浆岩生产的空间位置和形状、大小称为岩浆岩的产状，如图 2-1 所示。

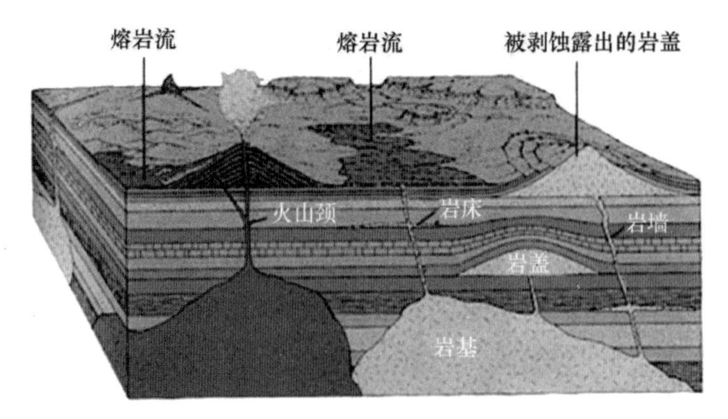

图 2-1　岩浆岩产状示意图

（一）侵入岩的产状

侵入岩按距地表的深浅程度，又分为浅成岩（一般限定深度是 1.5～3 km）和深成岩（一般限定的深度是大于 3 km）。

浅成岩一般为小型岩体，产状包括岩脉、岩床和岩盘；深成岩常为大型岩体，产状包括岩株和岩基等。

岩脉：岩脉是岩浆沿着岩层裂隙侵入并切断岩层所形成的狭长形岩体。岩脉规模变化较大，宽可由几厘米（或更小）到数十米（或更大），长由数米（或更小）到数公里或数十公里。

岩床：岩床是流动性较大的岩浆顺着岩层层面侵入形成的板状岩体。形成岩床的岩浆成分常为基性，岩床规模变化也大，厚度常为数米至数百米。

岩盘：岩盘又称岩盖，是指黏性较大的岩浆顺岩层侵入，并将上覆岩层拱起而形成的穹隆状岩体。岩盘主要由酸性岩构成，也有由中性、基性岩浆构成的岩盘。

岩基：岩基是规模巨大的侵入体，其面积一般在 100 km^2 以上，甚至可超过几万平方公里。岩基的成分是比较稳定的，通常由花岗岩、花岗闪长岩等酸性岩组成。

岩株：岩株是面积不超过 100 km^2 的深层侵入体。其形态不规则。岩株的成分多样，但普遍为酸性和中性。

（二）喷出岩的产状

最常见的喷出岩有火山锥和熔岩流。火山锥是岩浆沿着一个孔道喷出地面形成的圆锥形岩体，其由火山口、火山颈及火山锥状体组成。熔岩流是岩浆流出地表顺山坡和河谷流动冷凝而形成的层状或条带状岩体，大面积分布的熔岩流叫作熔岩被。

三、岩浆岩的矿物成分

岩浆岩的矿物成分能够反映它们的化学成分、生成条件以及成因等变化规律。自然界矿物的种类很多，但组成岩浆岩的常见矿物不过20多种。岩浆岩中长石含量最多，占整个岩浆岩矿物成分的60.2%以上，其次是石英和辉石，其他矿物的含量较少。因此，长石和石英的含量以及长石的种类，往往是岩浆岩分类和命名的重要依据。

四、岩浆岩的结构

岩浆岩的结构是指矿物的结晶程度、晶粒大小、形态及晶粒之间或晶粒与玻璃质间的相互结合方式。

由于岩浆的化学成分和冷凝环境不同，故冷凝速度不同，因此岩浆岩的结构也就存在差异。

（一）按晶粒的绝对大小划分

显晶质结构：岩石中的矿物颗粒较大，用肉眼可以分辨并鉴定其特征，一般为深成侵入岩所具有的结构。

隐晶质结构：岩石中矿物颗粒细小，只有在偏光显微镜下方可识别。这种结构比较致密，一般无玻璃光泽和贝壳状断口，但常有瓷状断面。

玻璃质结构：岩石由非晶质的玻璃质组成，各种矿物成分混沌成一个整体，在喷出岩中可见。

（二）按晶粒的相对大小划分

等粒结构：岩石中同种矿物颗粒大小相近。

不等粒结构：组成岩石的主要矿物结晶颗粒大小不等，相差悬殊。大的称斑晶，小的称基质。若基质为非晶质或隐晶质则称为斑状结构，若基质为显晶质则称为似斑状结构。

五、岩浆岩的构造

岩浆岩的构造是指岩石中各种矿物集合体在空间排列及充填方式上所表现出来的特征。

岩浆岩常见的构造有块状构造、条带状构造、流纹状构造、气孔状构造、杏仁状构造。

块状构造：块状构造是指组成岩石的矿物颗粒无一定排列方向，而是均匀地分布在岩石中，不显层次，呈致密块状。这是侵入岩的常见构造。

条带状构造：条带状构造是指岩石中不同的矿物成分、结构、颜色等呈条带状分布，条带与条带之间彼此近于平行，相间排列，即为条带状结构，如图 2-2 所示。

流纹状构造：流纹状构造是指岩石中不同颜色的条纹和拉长的气孔等沿一定方向排列所形成的外貌特征，如图 2-2 所示。这种构造是喷出地表的熔浆在流动过程中冷却形成的。

图 2-2　辉长岩的条带状构造、流纹状构造

气孔状构造：气孔状构造是指岩浆凝固时，挥发性的气体未能及时逸出，在岩石中留下许多圆形、椭圆形或长管形的孔洞，如图 2-3 所示。

杏仁状构造：杏仁状构造是指岩石中的气孔，为后期矿物（如方解石、石英等）充填所形成的一种形如杏仁的构造，如图 2-4 所示。

图 2-3　气孔状构造

图 2-4　杏仁状构造

六、岩浆岩的分类及常见的岩浆岩

通常根据岩浆岩的成因、矿物成分、化学成分、结构、构造及产状等方面的综合特征，将岩浆岩分为四大类型：酸性岩、中性岩、基性岩和超基性岩（表 2-1）。

表 2-1　常见岩浆岩分类及肉眼鉴定表

<table>
<tr><td colspan="3">岩石类型</td><td>超基性岩</td><td>基性岩</td><td colspan="2">中性岩</td><td>酸性岩</td></tr>
<tr><td colspan="3">化学成分</td><td colspan="2">富含 Fe、Mg</td><td colspan="3">富含 Si、Al</td></tr>
<tr><td colspan="3">SiO_2 的质量分数/%</td><td>＜45</td><td>45～52</td><td colspan="2">52～65</td><td>＞65</td></tr>
<tr><td colspan="3">颜色</td><td>黑色、绿黑色</td><td>黑色、灰黑色</td><td colspan="2">灰色、灰绿色</td><td>灰白色、肉红色</td></tr>
<tr><td colspan="3">主要矿物成分</td><td>橄榄石、辉石</td><td>斜长石、辉石</td><td>斜长石、角闪石</td><td>正长石、角闪石</td><td>石英、正长石</td></tr>
<tr><td colspan="3">次要矿物成分</td><td>角闪石</td><td>正长石、黑云母</td><td>正长石、黑云母</td><td>斜长石、黑云母</td><td></td></tr>
<tr><td rowspan="2">喷出岩</td><td>杏仁状构造、块状构造</td><td>玻璃质结构、隐晶质结构</td><td colspan="5">黑曜岩、浮岩、凝灰岩、火山角砾岩、火山集块岩</td></tr>
<tr><td>流纹状构造、气孔状构造</td><td>斑状结构</td><td>苦橄岩（少见）</td><td>玄武岩</td><td>安山岩</td><td>粗面岩</td><td>流纹岩</td></tr>
<tr><td>浅成岩</td><td>块状构造、气孔状构造（少数）</td><td>斑状结构、半晶质结构、粒状结构</td><td>苦橄斑岩（少见）</td><td>辉绿岩</td><td>闪长斑岩</td><td>正长斑岩</td><td>花岗斑岩</td></tr>
<tr><td>深成岩</td><td>块状构造</td><td>全晶质结构、粒状结构</td><td>橄榄岩、辉石岩</td><td>辉长岩</td><td>闪长岩</td><td>正长岩</td><td>花岗岩</td></tr>
</table>

（一）酸性岩类

花岗岩：深成侵入岩，多呈肉红色、灰色或灰白色，矿物成分主要为石英、正长石和斜长石，其次有黑云母、角闪石等次要矿物，全晶质等粒结构

（也有不等粒或似斑状结构），块状构造。花岗岩分布广泛，性质均匀、坚固，是良好的建筑石料。

花岗斑岩：浅成侵入岩，斑状结构，斑晶主要有钾长石、斜长石或石英，块状构造，颜色同花岗岩。

流纹岩：喷出岩，常呈灰白、浅灰或灰红色，斑状结构，斑晶多为斜长石、石英或正长石，具典型的流纹状构造，抗压强度略低于花岗岩。

（二）中性岩类

正长岩：深成侵入岩，肉红色、浅灰或浅黄色，全晶质等粒结构或似斑状结构，块状构造，主要矿物成分为正长石，含黑云母和角闪石，石英含量极少，不如花岗岩坚硬，且易风化。

正长斑岩：浅成侵入岩，一般呈棕灰色或浅红褐色，斑状结构，斑晶主要为正长石，基质比较致密。

闪长岩：深成侵入岩，灰白、深灰至灰绿色，主要矿物为斜长石和角闪石，其次有黑云母和辉石。全晶质等粒结构，块状构造，闪长岩结构致密，强度高，且具有较高的韧性和抗风化能力，是优质的建筑石料。

闪长玢岩：浅成侵入岩，灰色或灰绿色，斑状结构，斑晶为斜长石或角闪石，块状构造。

安山岩：喷出岩，灰色、紫色或绿色，斑状结构，主要矿物成分为斜长石、角闪石，斑晶常为斜长石，有时具有气孔状或杏仁状构造。

（三）基性岩类

辉长岩：深成侵入岩，灰黑、暗绿色，全晶质等粒结构，主要矿物以斜长石和辉石为主，有少量橄榄石、角闪石和黑云母，块状构造，辉长岩强度高，抗风化能力强。

辉绿岩：浅成侵入岩，灰绿或黑绿色。结晶质细粒结构，块状构造，强度较高，是优良的建筑材料。

玄武岩：喷出岩，灰黑至黑色，隐晶质结构或斑状结构，矿物成分与辉长岩相似。常具气孔或杏仁状构造，玄武岩致密坚硬，性脆，强度较高，但是多孔时强度较低，较易风化。

（四）超基性岩类

橄榄岩：深成岩，暗绿色或黑色，全晶质中、粗等粒结构，组成矿物以橄榄石、辉石为主，其次为角闪石等，块状构造。

第二节　沉积岩

一、沉积岩的形成

（一）沉积岩的定义

沉积岩是在地表常温常压下，由外动力地质作用促使地壳表层先生成的矿物和岩石遭到破坏，将其松散碎屑搬运到适宜的地带沉积下来，再经压固、胶结形成层状的岩石。

沉积岩广泛分布于地壳表层，出露面积约占陆地表面积的75%。分布的厚度各处不一，最厚可超过10 km，薄者只有数十米。沉积岩是地表常见的岩石，在沉积岩中蕴藏着大量的沉积矿产，比如煤、天然气、石油等。同时各种工程建筑，如道路、桥梁、水坝、矿山等几乎都以沉积岩为地基，沉积岩本身也是建筑材料的重要来源。因此，研究沉积岩的形成条件、组成成分、结构和构造等特征有很大的实际意义。

（二）沉积岩的形成过程

沉积岩的形成过程是一个长期而复杂的外力地质作用过程，一般可分为以下四个阶段：

（1）松散破碎阶段。地表或接近于地表的各种先成岩石，在温度变化、大气、水及生物的长期作用下，使原来坚硬完整的岩石，逐步破碎成大小不同的碎屑，甚至改变了原来岩石的矿物成分和化学成分，形成一种新的风化产物。

（2）搬运作用阶段。岩石风化作用的产物，除少数部分残留原地并堆积外，大部分被剥离原地，经流水、风及重力作用等搬运到低处。在搬运过程中，不稳定成分继续受到风化，破碎物质经受磨蚀，棱角不断磨圆，颗粒逐渐变细。

（3）沉积作用阶段。当搬运力逐渐减弱时，被携带的物质便陆续沉积下来。在沉积过程中，大的、重的颗粒先沉积，小的、轻的颗粒后沉积。因此，沉积作用阶段具有明显的分选性。最初沉积的物质呈松散状态，称为松散沉积物。

（4）固结成岩阶段。固结成岩阶段即松散沉积物转变成坚硬沉积岩的阶段。固结成岩的作用主要有压实、胶结、重结晶作用三种。

①压实：上覆沉积物的重力压固，导致下伏沉积物孔隙减小，水分挤出，从而变得紧密坚硬。

②胶结：其他物质充填到碎屑沉积物粒间孔隙中，使其胶结变硬。

③重结晶作用：新成长的矿物产生结晶质间的联结。

二、沉积岩的物质组成

沉积岩的物质成分主要来源于先生成的各种岩石的碎屑、造岩矿物和溶解物质。其中组成沉积岩的矿物，最常见的有 20 种左右，而每种沉积岩一般由 1～3 种主要矿物组成。组成沉积岩的物质按成因可分为以下五类。

（一）碎屑物质

碎屑物质是原岩经风化破碎而生成的呈碎屑状态的物质，其中主要有矿物碎屑（如石英、长石、白云母等一些抵抗风化能力较强、较稳定的矿物颗粒）、岩石碎块、火山碎屑等。在岩浆岩中常见的橄榄石、辉石、角闪石、黑云母、基性斜长石等形成于高温高压环境，故其在常温常压表生条件下是不稳定的。岩浆岩中的石英，大部分形成于岩浆结晶的晚期，在原生条件下稳定性较强，所以其一般以碎屑物的形式出现于沉积岩中。

（二）黏土矿物

黏土矿物主要是一些原生矿物经化学风化作用分解后所产生的次生矿物。它们是在常温常压下，富含二氧化碳和水的表生环境条件下形成的，如高岭石、蒙脱石、伊利石、水云母等。这些矿物粒径小于 0.005 mm，具有很大的亲水性、可塑性及膨胀性。

（三）化学沉积矿物

化学沉积矿物是由纯化学作用或生物化学作用从溶液中沉淀结晶产生的沉积矿物，如方解石、白云石、石膏、岩盐、铁和锰的氧化物或氢氧化物等。

（四）有机质及生物残骸

有机质及生物残骸是由生物残骸或经有机化学变化而形成的矿物，如贝壳、珊瑚礁、硅藻土、泥炭、石油等。

（五）胶结物

胶结物指填充于沉积颗粒之间，并使之胶结成块的某些矿物质，常见的有硅质、铁质、钙质、泥质、灰质和火山凝灰质等。

三、沉积岩的结构

沉积岩的结构是指构成沉积岩颗粒的性质、大小、形态及其相互关系。常见的沉积岩结构有以下几种。

（一）碎屑结构

碎屑结构是由胶结物将碎屑胶结起来而形成的一种结构，其是碎屑岩的主要结构。碎屑物成分可以是岩石碎屑、矿物碎屑、石化的生物有机体或碎片以及火山碎屑等。按粒径大小，碎屑可分为砾状结构（粒径＞2 mm）、砂状结构（粒径为 2～0.05 mm，其中粗砂结构，粒径为 2～0.50 mm；中砂结构，粒径为 0.50～0.25 mm；细砂结构，粒径为 0.25～0.05 mm）、粉砂状结构（粒径为 0.05～0.005 mm）。胶结物常见的有硅质、黏土质、钙质和火山灰等。

（二）泥质结构

泥质结构主要由极细的黏土矿物颗粒（粒径小于 0.005 mm）组成，外表呈致密状，其是黏土岩的主要结构。

（三）结晶粒状结构

结晶粒状结构是由岩石中的颗粒在水溶液中结晶（如方解石、白云石等）或呈胶体形态凝结沉淀（如燧石等）而成的，是化学岩的主要结构。

（四）生物结构

生物结构是由生物遗体或碎片所组成的结构，是生物化学岩所具有的结构。

四、沉积岩的构造

沉积岩的构造是指其组成部分的空间分布及其相互间的排列关系。沉积岩最主要的构造是层理构造和层面构造。它不仅反映了沉积岩的形成环境，还是沉积岩区别于岩浆岩和某些变质岩的构造特征。

（一）层理构造

层理构造是指构成沉积岩的物质由于颜色、成分、颗粒粗细或颗粒特征的不同而形成的分层现象。层理是沉积岩成层的性质。层与层之间的界面称为层面。上下两个层面间成分基本一致的岩石，称为岩层。它是层理最大的组成单位。

层理按形态分为平行层理、斜层理和波状层理三种（图 2-5），它反映了当时的沉积环境和介质运动强度及特征。水平层理的各层层理面平直且互相平行，其是在水动力较平稳的海、湖环境中形成的；波状层理的层理面呈波状起伏，显示沉积环境的动荡，其在海岸、湖岸地带表现明显；斜层理的层理面倾斜与大层层面斜交，倾斜方向表示介质（水或风）的运动方向。根据层的厚度可划分为巨厚层状（大于 1.0 m）、厚层状（1.0～0.5 m）、中厚层状（0.5～0.1 m）和薄层状（小于 0.1 m）。

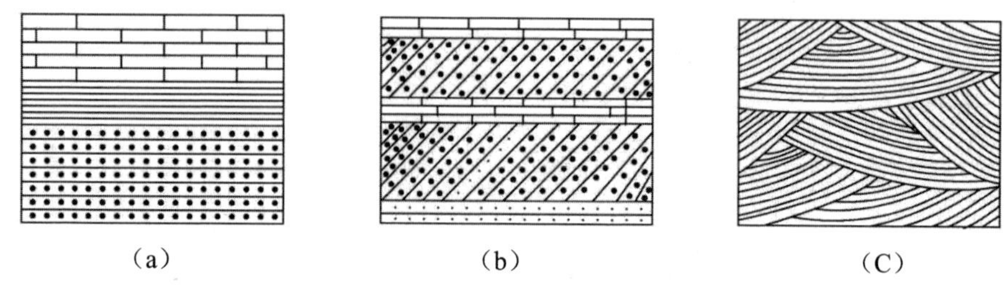

图 2-5 沉积岩的层理

（a）平行层理；（b）斜层理；（c）波状层理

（二）层面构造图

层面构造是指在层面上还保留有沉积岩形成时的某些特征，如波痕、雨痕及泥裂等。

波痕是指岩石层面上保存原沉积物受风和水的运动影响形成的波浪痕迹；雨痕是指雨点降落在未固结的泥质、砂质沉积物表面，所产生圆形或椭圆形的凹穴；泥裂是指沉积物露出地表后干燥而裂开的痕迹。这种痕迹一般是上宽下窄，并为泥沙所充填。

（三）结核

在沉积岩中，含有一些在成分上与围岩有明显差别的物质团块，称为结核。结核由某些物质集中凝聚而成，外形常呈球形、扁豆状及不规则形状。

（四）生物成因构造

生物成因构造是指由于生物的生命活动和生态特征，而在沉积物中形成的构造，如生物礁体、叠层构造、虫迹、虫孔等。

五、沉积岩的分类及常见沉积岩

沉积岩按成因、物质成分和结构特征分为碎屑岩、黏土岩、化学和生物化学岩三大类（表 2-2）。

表 2-2　沉积岩的分类简表

<table>
<tr><th colspan="2">岩类</th><th>结构</th><th>主要岩石分类名称</th><th>主要分类及其组成物质</th></tr>
<tr><td rowspan="6">碎屑岩类</td><td rowspan="3">火山碎屑岩</td><td>集块结构
（粒径＞100 mm）</td><td>火山集块岩</td><td>主要由粒径大于 100 mm 的熔岩碎块、火山灰等经压密胶结而成</td></tr>
<tr><td>角砾结构
（粒径为 2～100 mm）</td><td>火山角砾岩</td><td>主要由粒径为 2～100 mm 的熔岩碎屑、晶屑、玻璃屑及其他碎屑混入物组成</td></tr>
<tr><td>凝灰结构
（粒径＜2 mm）</td><td>凝灰岩</td><td>由 50%以上粒径小于 2 mm 的火山灰组成，其中有岩屑、晶屑、玻璃屑等细粒碎屑物质</td></tr>
<tr><td rowspan="3">沉积碎屑岩</td><td>砾状结构
（粒径＞2 mm）</td><td>砾岩</td><td>角砾岩由带棱角的角砾经胶结而成，砾岩由浑圆的砾石经胶结而成</td></tr>
<tr><td>砂质结构
（粒径为 0.074～2 mm）</td><td>砂岩</td><td>石英砂岩　石英（质量分数＞90%），长石和岩屑（质量分数＜10%）
长石砂岩　石英（质量分数＜75%），长石（质量分数＞25%），岩屑（质量分数＜10%）
岩屑砂岩　石英（质量分数＜75%），长石（质量分数＜10%），岩屑（质量分数＞25%）</td></tr>
<tr><td>粉砂质结构
（粒径为 0.002～0.074 mm）</td><td>粉砂岩</td><td>主要由石英、长石及黏土矿物组成</td></tr>
</table>

续表

岩类	结构	主要岩石分类名称	主要分类及其组成物质
黏土岩类	泥质结构（粒径＜0.002 mm）	泥岩	主要由高岭石等黏土矿物组成
		页岩	黏土质页岩　由黏土矿物组成 碳质页岩　由黏土矿物及有机质组成
化学及生物化学岩类	结晶结构及生物结构	石灰岩	泥灰岩　方解石（质量分数为50%～75%），黏土矿物（质量分数为25%～50%） 石灰岩　方解石（质量分数＞90%），黏土矿物质（质量分数＜10%）
		白云岩	灰质白云岩　白云石（质量分数为50%～75%），黏土矿物（质量分数为25%～50%） 白云岩　白云石（质量分数＞90%），方解石（质量分数＜10%）

（一）碎屑岩类

（1）砾岩：由粒径大于2 mm的粗大碎屑和胶结物组成。岩石中大于2 mm的碎屑含量在50%以上，碎屑呈浑圆状，成分一般为坚硬而化学性质稳定的岩石或矿物，如脉石英、石英岩等。胶结物的成分有钙质、泥质、铁质及硅质等。

（2）角砾岩：和砾岩一样，大于2 mm的碎屑粒径在50%以上，但碎屑有明显棱角。角砾岩的岩性成分多种多样。胶结物的成分有钙质、泥质、铁质及硅质等。

（3）砂岩：由粒径介于 2～0.05 mm 的砂粒胶结而成，且这种粒径的碎屑含量超过 50%。按砂粒的矿物组成，可分为石英砂岩、长石砂岩和岩屑砂岩等。按砂粒粒径的大小，可分为粗粒砂岩、中粒砂岩和细粒砂岩。胶结物的成分对砂岩的物理力学性质有着重要的影响。根据胶结物的成分，又可将砂岩分为硅质砂岩、铁质砂岩、钙质砂岩及泥质砂岩几类。硅质砂岩的颜色浅、强度高、抵抗风化的能力强。泥质砂岩一般呈黄褐色，吸水性大，易软化、强度差。铁质砂岩常呈紫红色或棕红色，钙质砂岩呈白色或灰白色，强度介于硅质与泥质砂岩之间。砂岩分布很广，易于开采加工，是工程上广泛采用的建筑石料。

（二）黏土岩类

黏土岩主要由粒径小于 0.005 mm 的颗粒组成，并含大量黏土矿物。此外，还含有少量的石英、长石、云母。黏土岩一般都具有可塑性、吸水性、耐火性等，有重要的工程意义。主要的黏土岩有两种，即泥岩和页岩。

（1）泥岩：泥岩是固结程度较高的一种黏土岩，成分与页岩相似，常成厚层状。以高岭石为主要成分的泥岩常呈灰白色或黄白色，吸水性强，遇水后易软化；以微晶高岭石为主要成分的泥岩，常呈白色、玫瑰色或浅绿色，表面有滑感，可塑性小，吸水性高，吸水后体积急剧膨胀。泥岩夹于坚硬岩层之间，形成软弱夹层，浸水后易于软化，致使上覆岩层发生顺层滑动。

（2）页岩：页岩是由黏土脱水胶结而成，以黏土矿物为主，大部分有明显的薄层理，呈页片状。依据胶结物可分为硅质页岩、黏土质页岩、砂质页岩、钙质页岩及碳质页岩。除硅质页岩强度稍高外，其余岩性软弱，易风化成碎片，强度低，与水作用易于软化而降低其强度。

（三）化学岩和生物化学岩类

（1）石灰岩：石灰岩简称灰岩，主要化学成分为碳酸钙，矿物成分以结晶的细粒方解石为主，其次含有少量的白云石和黏土矿物。颜色多为深灰、浅灰，纯质灰岩呈白色。石灰岩一般遇酸起泡剧烈，硅质、泥质较差。石灰岩分布相当广泛，岩性均一，易于开采加工，是一种用途很广的建筑石料。

（2）白云岩：白云岩主要由白云石组成，常含有少量的方解石和黏土矿物。颜色多为灰白色、浅灰色，含泥质时呈浅黄色。隐晶质或细晶粒状结构。性质与石灰岩相似，但加冷稀盐酸不起泡或微弱起泡，强度比石灰岩高，是一种良好的建筑石料。

（3）泥灰岩：泥灰岩、石灰岩中均含有一定数量的黏土矿物，若含量达30%～50%，则称为泥灰岩。颜色有灰色、黄色、褐色、红色等。滴盐酸起泡后留有泥质斑点。结构致密，易风化，抗压强度低，较好的泥灰岩可作水泥原料。

第三节　变质岩

一、变质岩的成因

（一）变质岩的定义

地壳中的原岩受到温度、压力及化学活动性流体的影响，在固体状态下发生剧烈变化后形成的新的岩石称变质岩。形成变质岩的作用叫变质作用。

（二）变质岩的类型

根据形成变质岩的原岩的不同，可将变质岩分为两大类：一类是由岩浆岩经变质作用形成的变质岩，叫正变质岩；另一类是由沉积岩经变质作用形成的变质岩，叫副变质岩。

（三）变质作用的因素

引起变质作用的因素有温度、压力及化学活动性流体。变质温度的基本来源包括地壳深处的高温、岩浆及地壳岩石断裂错动产生的高温等。引起岩石变质的压力包括上覆岩石重量引起的静压力、侵入于岩体空隙中的流体所形成的压力，以及地壳运动或岩浆活动产生的定向压力。化学活动性流体则是以岩浆、H_2O、CO_2为主，并含有一些其他的易挥发、易流动的物质。

二、变质岩的矿物成分

组成变质岩的矿物，除含有岩浆岩和沉积岩中的矿物外，还有一部分为变质岩所特有的矿物。

变质岩的物质成分十分复杂，它既有原岩成分，又有变质过程中新产生的成分。就变质岩的矿物成分而论，可以分为两大类：一类是岩浆岩，也有沉积岩，如石英、长石、云母、角闪石、辉石、方解石、白云石等，它们大多是原岩残留物，或者是在变质作用中形成的；另一类只能是在变质作用中产生而为变质岩所特有的变质矿物，如石榴子石、滑石、绿泥石、蛇纹石等。根据变质岩特有的变质矿物，可把变质岩与其他岩石区别开来。

三、变质岩的结构

变质岩的结构按成因可分为变晶结构、变余结构、碎裂结构。

（一）变晶结构

变晶结构指原岩在固态条件下，岩石中的各种矿物同时发生重结晶或变质结晶所形成的结构。因变质岩的变晶结构与岩浆岩的结构相似，故为了区别起见，一般在岩浆岩结构名称上加“变晶”二字。

根据变质矿物的粒度分为等粒变晶结构（图 2-6）、不等粒变晶结构及斑状变晶结构（图 2-7）；按变晶矿物颗粒的绝对大小可分为粗粒变晶结构（粒径大于 3 mm）、中粒变晶结构（粒径 1～3 mm）、细粒变晶结构（粒径小于 1 mm）。根据变晶矿物颗粒的形状，分为粒状变晶结构、纤维状变晶结构和鳞片状变晶结构等。

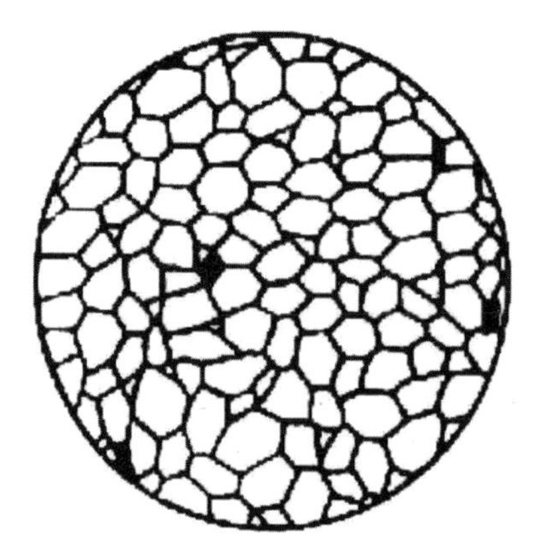

图 2-6　等粒变晶结构

图 2-7　斑状变晶结构

（二）变余结构

当岩石轻微变质时，重结晶作用不完全，变质岩还可保留有母岩的结构特点，即称为变余结构。如泥质砂岩变质以后，泥质胶结物变成绢云母和绿泥石，而其中碎屑物质（如石英）不发生变化，便形成变余砂状结构。还有其他的变余结构，如与岩浆岩有关的变余斑状结构、变余花岗结构等。

（三）碎裂结构

局部岩石在定向压力的作用下，引起矿物及岩石本身发生弯曲、破碎，而后又被黏结起来而形成新的结构，称为碎裂结构。碎裂结构常具条带和片理，是动力变质中常见的结构。根据破碎程度可分为碎裂结构、碎斑结构、糜棱结构三种。

四、变质岩的构造

原岩经过变质作用后，其中的矿物颗粒在排列方式上大多具有定向性，即能沿矿物排列方向劈开。变质岩的构造是识别变质岩的重要标志。

常见的变质岩构造有板状构造、千枚状构造、片状构造、片麻状构造、块状构造。

板状构造：具这种构造的岩石中，矿物颗粒很细小，肉眼不能分辨，但它们具有一组组平行破裂面，沿破裂面易于裂开成光滑、平整的薄板。破裂面上可见由绢云母、绿泥石等微晶形成的微弱丝绢光泽（图 2-8）。

图 2-8　板状构造

千枚状构造：具这种构造的岩石中矿物颗粒很细小，肉眼难以分辨。岩石中的鳞片状矿物呈定向排列，定向方向易于劈开成薄片，具丝绢光泽，断面参差不齐（图 2-9）。

图 2-9　千枚状结构

片状构造：重结晶作用明显，片状、板状或柱状矿物定向排列，沿平行面很容易剥开呈不规则的薄片，光泽很强。

片麻状构造：颗粒粗大，片理很不规则，粒状矿物呈条带状分布，少量片状、柱状矿物相间断续平行排列，沿片理面不易裂开。

块状构造：岩石中结晶的矿物无定向排列，也不能定向劈开。

五、变质岩的分类及主要变质岩

（一）变质岩分类

根据变质岩的构造特征，通常把变质岩分为片理状岩类和块状岩类两大类。

（1）片理状岩类是具有板状构造、千枚状构造、片状构造和片麻状构造的变质岩，如片麻岩、片岩、千枚岩、板岩等。

（2）块状岩类是具有块状构造的变质岩，如大理岩、石英岩、蛇纹岩等。

按变质岩的构造分类，可归纳成表 2-3。

表 2-3　按变质岩构造分类简表

<table>
<tr><th>岩类</th><th>构造</th><th>岩石名称</th><th>主要岩类及其矿物成分</th></tr>
<tr><td rowspan="4">片理岩类</td><td>板状</td><td>板岩</td><td>矿物成分为黏土矿物、绢云母、石英、绿泥石、黑云母、白云母等</td></tr>
<tr><td>千枚状</td><td>千枚岩</td><td>矿物成分以绢云母为主，其次为石英、绿泥石等</td></tr>
<tr><td>片状</td><td>片岩</td><td>云母片岩：矿物成分以云母、石英为主，其次为角闪石等
滑石片岩：矿物成分以滑石、绢云母为主，其次为绿泥石、方解石等
绿泥石片岩：矿物成分以绿泥石、石英为主，其次为滑石、方解石等</td></tr>
<tr><td>片麻状</td><td>片麻岩</td><td>花岗片麻岩：矿物成分以正长石、石英、云母为主，其次为角闪石，有时含石榴子石
角闪石片麻岩：矿物成分以斜长石、角闪石为主，其次为云母，有时含石榴子石</td></tr>
<tr><td rowspan="2">块状岩类</td><td rowspan="2">块状</td><td>大理岩</td><td>矿物成分以方解石为主，其次为白云石等</td></tr>
<tr><td>石英岩</td><td>矿物成分以石英为主，有时含有绢云母、白云母等</td></tr>
</table>

（二）主要变质岩及其特征

常见的变质岩有片麻岩、片岩、千枚岩、大理岩、石英岩等。

片麻岩：片麻状构造。晶粒粗大，变晶或变余结构。主要矿物为石英和长石，其次有云母、角闪石、辉石等。片麻岩由砂岩、花岗岩变质而成。片麻岩强度较高，如云母含量增多，强度相应降低。因具片麻状构造，故较易风化。

片岩：片状构造，变晶结构。片岩主要由一些片状、柱状矿物（如云母、绿泥石、角闪石等）和粒状矿物（石英、长石、石榴子石等）组成。片岩的片理一般比较发育，片状矿物含量高，强度低，抗风化能力差，极易风化剥落，岩体也易沿片理的倾斜方向塌落。

千枚岩：千枚状构造。千枚岩由黏土岩、粉砂岩、凝灰岩变质而成。矿物成分主要为石英、绢云母、绿泥石等。千枚岩的质地松软，强度低，抗风化能力差，容易风化剥落，沿片理倾斜方向容易产生塌落。

大理岩：由石灰岩或白云岩经重结晶变质而成，等粒变晶结构、块状构造。主要矿物成分为方解石，遇稀盐酸强烈起泡。大理岩常呈白色、浅红色、淡绿色、深灰色以及其他各种颜色，常因含有其他带色杂质而呈现出美丽的花纹。大理岩强度中等，易于开采加工，色泽美丽，是一种很好的建筑装饰石料。

石英岩：结构和构造与大理岩相似。一般由较纯的石英砂岩或硅质岩变质而成，常呈白色，因含杂质可出现灰白色、灰色、黄褐色或浅紫红色。石英岩强度很高，抵抗风化的能力很强，是良好的建筑石料，但由于其硬度很高，故开采加工相当困难。

第四节　岩石的工程地质行政与工程分类

岩石的工程地质性质，主要包括物理性质和力学性质两个方面。

一、岩石的主要物理性质

岩石的物理性质是岩石的基本性质，主要是指岩石的密度和空隙性。

（一）岩石的密度

岩石的密度是试件质量与试件体积的比值，即

$$\rho=\frac{m}{V} \tag{2-1}$$

式中　ρ——岩石的密度，g/cm^3；

m——岩石的总质量，g；

V岩石的总体积，cm^3。

常见岩石的密度为2.3～2.8 g/cm^3。根据岩石含水状态的不同分为以下两种情况：当岩石孔隙中不含水时的密度，称为干密度；岩石中孔隙全部被水填充时的密度，称为饱和密度。

岩石的重力密度，也叫作重度，其是指岩石单位体积的重量，在数值上等于岩石试件的总重量（包括空隙中的水重）与其总体积（包括空隙体积）之比，单位为kN/m^3。岩石空隙中完全没有水存在时的重度，称为干重度；岩石中的空隙全部被水充满时的重度，则称为岩石的饱和重度。

（二）岩石的相对密度

岩石的相对密度是岩石固相物质的质量与同体积水在4℃时的质量的比值，即

$$D=\frac{m_s}{V_s\rho_w}=\frac{m_s}{V_s} \tag{2-2}$$

式中　D——岩石的相对密度，g/cm³；

m_s——固体岩石的质量，指不包含气体和水在内的干燥岩石的质量，g；

V_s——固体岩石的体积，指不包括孔隙在内的岩石的实体体积，cm³；

ρ_w——4℃时水的密度，g/cm³。

相对密度是量纲为 1 的量，在数值上等于固体岩石单位体积的质量。

岩石相对密度的大小，取决于组成岩石的矿物的相对密度及其在岩石中的质量分数。常见岩石的相对密度一般为 2.5～3.3。

（三）岩石的空隙性

岩石的空隙性是岩石的空隙性和裂隙性的总称，常用空隙率表示，或用孔隙率和裂隙率表示，即岩石的空隙性反映岩石中孔隙、裂隙的发育程度。

岩石空隙率的大小主要取决于岩石的构造，同时也受风化作用、岩浆作用、构造运动及变质作用的影响。由于岩石中空隙、裂隙发育程度变化很大，其孔隙率的变化也很大。

一般坚硬岩石的孔隙率小于 2%～3%，但砾岩、砂岩等多孔岩石通常具有较大的孔隙率。

（四）岩石的含水率

岩石的含水率是试件在 105℃～110℃下烘干至恒重时所失去的水质量与试件干质量的比值，以百分数表示，即

$$\omega=\frac{m_0-m_s}{m_s}\times 100\% \tag{2-3}$$

式中　ω——岩石的含水率，%；

m_0——岩石含水时的质量，g；

m_s——干燥岩石的质量，g。

（五）岩石的吸水性

岩石在一定的条件下吸收水分的能力，称为岩石的吸水性。表征岩石吸水性的指标有吸水率、饱和吸水率和饱和系数。

（1）吸水率。吸水率是试件在大气压力和室温条件下吸入水的质量与试件固体质量的比值，即

$$\omega_1 = \frac{m_{w_1}}{m_s} \times 100\% \tag{2-4}$$

式中　ω_1——岩石的吸水率，%；

m_{w_1}——岩石在常压条件下所吸收水分的质量，g；

m_s——干燥岩石的质量，g。

岩石的吸水率与岩石孔隙的大小和张开程度等因素有关。岩石的吸水率越大，水对岩石的侵蚀和软化作用就越强，岩石强度和稳定性受水作用的影响也就越显著。

（2）饱和吸水率。饱和吸水率是指岩石在高压（15 MPa）或真空条件下的吸水能力，在该条件下岩石所吸水分质量与干燥岩石质量之比，用百分数表示，即

$$\omega_2 = \frac{m_{w_2}}{m_s} \times 100\% \tag{2-5}$$

式中　ω_2——岩石的饱和吸水率，%；

m_{w_2}——岩石在高压或真空条件下所吸收水分的质量，g；

m_s——干燥岩石的质量，g。

（3）保水系数。保水系数是指岩石的吸水率与饱和吸水率的比值，即一般岩石的饱水系数 K_w 介于 0.2～0.8。饱水系数对于判别岩石的抗冻性具有重要意义，饱水系数越大，岩石的抗冻性越差。一般认为，饱水系数小于 0.8 的岩石是抗冻的。

二、岩石的主要力学性质

岩石的力学性质是指岩石在各种静力、动力作用下所表现的性质，主要包括强度和变形。岩石在外力作用下首先是变形，当外力继续增加，达到或超过某一极限时，便开始破坏。岩石的变形与破坏是岩石受力后发生变化的两个阶段。岩石抵抗外力面不破坏的能力称岩石强度，荷载过大并超过岩石所能承受的能力时，便造成破坏。

$$K_w = \frac{\omega_1}{\omega_2} \tag{2-6}$$

（一）强度指标

按外力作用方式的不同，将岩石强度分为抗拉强度、抗压强度和抗剪强度。岩石的破坏主要有压碎、拉断和剪断等形式。

（1）抗拉强度。岩石在单轴拉伸荷载作用下，达到破坏时所能承受的最大拉应力称为岩石的单轴抗拉强度，简称抗拉强度，即

$$\sigma_t = \frac{P_t}{A} \tag{2-7}$$

式中　σ_t——岩石的抗拉强度，kPa；

P_t——岩石受拉破坏时的总压力，kN；

A——岩石的受拉面积，m^2。

（2）单轴抗压强度。岩石在单轴压缩荷载作用下，达到破坏时所能承受的最大压应力称为岩石的单轴抗压强度，即

$$f_r = \frac{P_F}{A} \tag{2-8}$$

式中　f_r——岩石的抗压强度，kPa；

P_F——岩石受压破坏时的总压力，kN；

A——岩石的受压面积，m^2。

岩石的抗压强度主要取决于岩石的结构和构造以及矿物成分，一般在压力机上对岩石试件进行加压试验测定。

（3）抗剪强度。抗剪强度是指岩石抵抗剪切破坏的能力。抗剪强度的指标是黏聚力和内摩擦角，内摩擦角的正切即为摩擦因数。它又可分为抗剪断强度、抗剪强度和抗切强度。

①抗剪断强度指没有破裂面的试样在一定的垂直压应力的作用下，被剪断时的最大剪应力，即

$$\tau = \sigma \tan\varphi + c \tag{2-9}$$

式中 τ——岩石的抗剪断强度，kPa；

σ——破裂面上的法向应力，kPa；

c——岩石的黏聚力，kPa；

φ——岩石的内摩擦角，（°）；

$\tan\varphi$——岩石的摩擦因素。

②抗剪强度受荷载条件同前，但试件的剪切破裂面是预先制好的分裂开来的面，或是已剪断的试样，恢复原位后重新进行剪切，即

$$\tau = \sigma \tan\varphi \tag{2-10}$$

符号意义同上。

抗剪强度远低于抗剪断强度。

③抗切强度是指垂直压应力为零时，无裂隙岩石的最大剪应力，即

$$\sigma = c \tag{2-11}$$

符号意义同上。

岩石的抗压强度最高，抗剪强度居中，抗拉强度最小。抗剪强度为抗压强度的10%～40%，抗拉强度仅为抗压强度的2%～16%。岩石越坚硬，其值相差越大。岩石的抗剪强度和抗压强度是评价岩石稳定性的重要指标。

（二）变形指标

岩石的变形指标主要有弹性模量、变形模量和泊松比。

（1）弹性模量。弹性模量是指应力与弹性应变的比值，即

$$E = \frac{\sigma}{\varepsilon_e} \tag{2-12}$$

式中 E——弹性模量，MPa；

σ——正应力，MPa；

ε_e——弹性正应变。

（2）变形模量。变形模量是指应力与总应变的比值，即

$$E_0=\frac{\sigma}{\varepsilon_e+\varepsilon_p}=\frac{\sigma}{\varepsilon} \tag{2-13}$$

式中　E_0——变形模量，MPa；

ε_p——塑性正应变。

（3）泊松比。泊松比是指岩石在轴向压力作用下的横向应变和纵向应变的比值，即

$$\mu=\frac{\varepsilon_x}{\varepsilon_y} \tag{2-14}$$

式中　μ——泊松比；

ε_x——横向应变；

ε_y——纵向应变。

岩石的泊松比常在 0.2～0.4。

第三章 工程地质构造的认识

第一节 地壳运动

由地壳运动导致组成地壳的岩层和岩体发生变形或变位的现象，残留于地壳中的空间展布和形态特征，称为地质构造或构造形迹。地质构造包括岩层的倾斜构造、褶皱构造和断裂构造三种基本形态，以及隆起和凹陷等。它们都是地壳运动的产物，并与地震有着密切的关系。地质构造大大改变了岩层和岩体原来的工程地质性质，如褶皱和断裂使岩层产生弯曲、破裂和错动，破坏了岩层或岩体的完整性，降低了岩层或岩体的稳定性，增大了渗透性，使建筑地区工程地质条件复杂化。因此，研究地质构造不但有阐明和探讨地壳运动发生、发展规律的理论意义，而且对公路线路的布置、设计和施工以及指导工程地质、水文地质、地震预测预报工作等，都具有很重要的实际意义。

地壳运动是指由内力地质作用引起的地壳结构改变和地壳内部物质变位的运动。

地球自形成以来，一直处于运动状态。随着现代科学技术的发展，通过对地质资料的分析和仪器的测定，已经证实地壳运动的主要形式有升降运动和水平运动两种。

一、升降运动（垂直运动）

组成地壳的物质沿着地球半径方向发生上升或下降的交替性运动，称为升降运动。其主要表现为大面积的地壳上升或下降，形成大规模的隆起和凹陷，从而引起地势的高低起伏和海陆变迁。如喜马拉雅山地区在 40 Ma 前还是一片汪洋，近 25 Ma 以来开始从海底升起，直至 2 Ma 前才初具山脉的规模。到目前为止，总的上升幅度已超过 10000 m，成为世界屋脊，并且仍以平均每年 1 cm 以上的速度继续上升。即使是“稳如泰山”的泰山，100 万年来也已上升了数百米。可见，地壳升降运动的速度虽然缓慢，但因经历的时间很长，造成地势的高低起伏是十分显著的。又如华北平原的部分沿海地区，近 1 Ma 以来下沉了 1000 m 以上，只是因为下沉的同时，由黄河、海河、滦河等带来的大量沉积物不断沉积，补偿着失去的高度，从而形成了现在的华北平原。地壳垂直运动的概念，在我国古籍上早有记载，如北宋的沈括（1031—1095年）在《梦溪笔谈》中写道：“予奉使河北，山崖之间，往往衔螺蚌壳及石子如鸟卵者，横亘石壁如带。此乃昔之海滨，今东距海已近千里。所谓大陆者，皆浊泥所湮耳。”这说明我国古代科学家对“沧海桑田”“海陆变迁”等自然现象早有唯物辩证的认识。

二、水平运动

组成地壳的物质沿地球表面的切线方向发生相互推挤和拉伸的运动，称为水平运动。其主要表现为地壳岩层的水平位移，造成各种形态的褶皱和断裂构造，加剧地表的起伏。

例如，昆仑山、祁连山、秦岭以及世界上的许多山脉，都是由地壳的水平运动形成的褶皱山系。根据板块理论，美洲大陆和非洲大陆在 200 Ma 前为一个大陆，后来由于地壳的水平运动，使该大陆沿着一条南北方向的海底深沟发生破裂，一部分沿着地表向西移动，形成了今天的美洲大陆；另一部分成为今天的非洲大陆，两块大陆中间形成了广阔的大西洋。研究资料证明，目前沿着非洲的东非裂谷，一个新的、巨大的地壳变化过程正在发展中，裂谷北端的两个地块——阿拉伯和非洲已在分离，以每年 2 cm 的速度向两面移动，裂谷本身也以每年 1 mm 的速度向两面裂开。美国西部的圣安得烈斯断层，从下中新世以来水平位移距离为 260 km。1906 年旧金山一次大地震就使这条断层错开 6.4 m，断层带约增长 430 km。可见，地壳水平运动对地壳形变的影响也是十分显著的，更加剧了地球表面的高低起伏。

三、地壳运动的基本特征

（一）地壳运动的普遍性和长期性

地壳的任何地方都发生过不同形式的地壳运动。地壳中的任何一块岩石，最古老的岩石和现代正在形成的岩石，都不同程度地受到地壳运动的影响，记录着地壳运动的痕迹和图像，说明地壳运动是普遍的，地壳总是处于不断的运动之中。

（二）地壳运动速度和幅度的不均一性

地壳运动的速度不是始终如一的，有时表现为短暂快速的激烈运动，如火山活动和地震，常常引起岩浆喷发、山崩、地陷和海啸等，是人们能够直接觉察到的地壳运动。如 1970 年云南通海地震，沿曲江断裂（南华一楚雄断裂）分布有许多地裂缝，从建水县庙北山北，经通海县的高大、峨山县的水车田、大海洽、牛白甸，直抵峨山城下，全长近 60 km，总体走向北 50° ～60° 西，倾向北东，倾角 50° ～80° ，构成了巨大的地裂缝带。其中，主干地裂缝不受任何地形约束，跨沟越岭，断开基岩，长达数千米，最宽处可达 20 m 左右，具右旋水平错动性质，最大水平错距 2.2 m。有时则又表现为长期缓慢的和缓运动。即使是同一地区，在快速而激烈的运动之后，将长期平静下来，转变为慢速而和缓的运动。地壳的运动幅度也有大有小，在不同的时间和空间，其幅度也不尽相同。

（三）地壳运动的方向性

地壳运动的方向常常是相互交替转换的，如有的地区为上升运动，有的地区为下降运动，而另一些地区则表现为水平运动。在地壳的同一地区，某个地质历史时期为上升运动，而在另一个地质历史时期又变成为下降或水平运动，表现出有节奏的，而不是简单重复的周期性特征。在一定地区或一定地质的历史时期中，地壳运动可以是以水平运动为主，也可以是以垂直运动为主。但是从地壳的发展历史分析，地壳运动总是以水平运动为主，垂直运动往往是由水平运动派生出来的。这已为越来越多的研究资料所证实。

地壳运动的结果，导致地壳岩石产生变形和变位，并形成各种地质构造，如水平构造、倾斜构造、褶皱构造、断裂构造、隆起和凹陷等。因此，地壳运动又称为构造运动或构造变动。其中，构造运动按其发生的地质历史时期、特点和研究方法，又分为以下两类：

（1）古构造运动，其是指发生在晚第三纪末以前各个地质历史时期的构造运动。

（2）新构造运动，其是指发生在晚第三纪末和第四纪以来的构造运动。其中，发生在人类有史以来的构造运动，称为现代构造运动。新构造运动对于现代地形、地表水系的改造、海陆分布、沉积物性质起着主导作用，对工程建筑影响较大，对防震抗震的研究也有着一定的指导意义。

第二节　岩层构造

一、水平构造

在地壳运动影响轻微、大面积均匀隆起或凹陷的地区，地层保持近于成岩时，水平状态的地质构造称为水平构造。

水平构造的地层经风化剥蚀，可形成一些独特的地貌景观：层理面平直、厚度稳定的岩层，往往形成阶梯状陡崖；交互沉积的软硬相间水平岩层，经风化后可形成塔状、柱状、城堡状地形；若水平岩层的顶部为坚硬的厚层岩层所覆盖，由于上部岩层抗风化侵蚀能力强，则可形成方山和桌状山地形。

二、倾斜构造

原来呈水平状态的岩层，经构造变动，成为与水平面成一定角度的倾斜岩层时，称为倾斜构造。在一定范围内，岩层的倾斜方向和倾斜角度大体一致的单斜岩层，可称为“单斜构造”。单斜构造的岩层，当倾角较小（小于35°）时在地貌上往往形成单面山；当倾角较大（大于35°）时，在地貌上则往往形成猪背岭。

三、岩层产状

（一）岩层产状要素

岩层在地壳中的空间方位和产出状态，称为岩层产状（图3-1）。它以岩层面在空间的延伸方向和倾斜程度来确定，用走向、倾向和倾角（称为岩层产状要素）表示。在野外是用地质罗盘仪来测量岩层的产状要素。

（1）走向。岩层面与水平面交线的水平延伸方向称为该岩层的走向。岩层走向用方位角表示。因此，同一岩层的走向可用两个方位角的数值表示，如NW300°和SE120°，指示该岩层在水平面上的两个延伸方向。

（2）倾向。岩层面上垂直于走向线*AB*，沿层面倾斜向下所引的直线，叫作倾斜线（图3-1中的*OC*线）。它在水平面上的投影线所指的层面倾斜方向为该岩层的倾向（图3-1中的*OC′*）。因此，岩层的倾向只有一个方位角数值，并与同一岩层的走向方位角数值上相差90°。

（3）倾角。岩层面上的倾斜线与它在水平面上的投影线之间的夹角，即倾斜岩层面与水平面之间的二面角（图3-1中的α），为岩层的倾角。

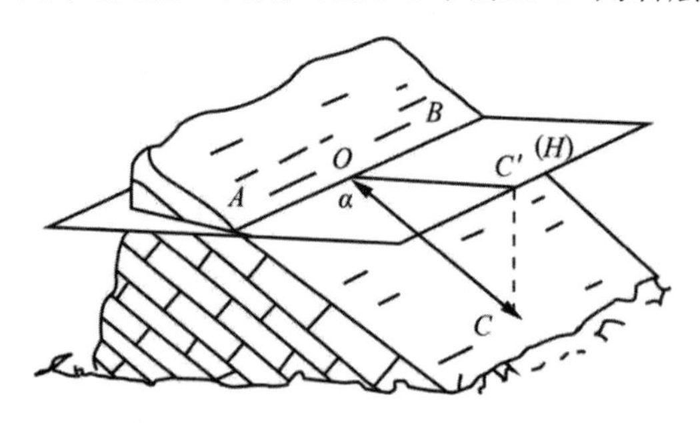

图3-1　岩层的产状要素

AB—走向线；*OC′*—倾向线；α—倾角

（二）岩层产状要素的测量方法

测量岩层的产状要素一般用地质罗盘。地质罗盘有矩形或八边形（圆形）两种，其主要构件有：磁针、上刻度盘、下刻度盘、倾角指示针（摆锤）、水准泡等。

上刻度盘多数按方位角分划，以北为 0°，按逆时针方向分划为 360°。按象限角分划时，则北和南均为 0°，东和西方向均为 90°。在刻度盘上用 4 个符号代表地理方位，即 N 代表北，S 代表南，E 代表东，W 代表西。当刻度盘上的南北方向和地面上的南北方向一致时，刻度盘上的东西方向和地面实际方向相反，这是因为磁针永远指向南北。在转动罗盘测量方向时，只有刻度盘转动而磁针不动，即当刻度盘向东转动时，磁针则相对地向西转动。所以，只有将刻度盘上刻的东、西方向与实际地面东、西方向相反，测得的方向才恰好与实际相一致。

下刻度盘和倾角指示针是为测倾角所用。下刻度盘的角度左右各分划为 90°，它没有方向，通常只刻在 W 边。E 边下刻度盘没有刻度。

测走向时，将罗盘的长边（即 NS 边）与岩层层面贴紧、放平（水准泡居中）后，北针或南针所指上刻度盘的读数就是走向，如图 3-2 所示。

测倾向时，用罗盘的 N 极指向层面的倾斜方向，使罗盘的短边（即 EW 边）与层面贴紧、放平，北针所指的度数即为所求的倾向，如图 3-2 所示。

测倾角时，将罗盘侧立，以其长边贴紧层面，并与走向线垂直，这时摆锤指示针所指下刻度盘的读数就是倾角，如图 3-2 所示。有的罗盘倾角指示针是用水准泡来调正的，测倾角时要用手调背面的旋柄，使水准泡居于中间的位置，然后再读读数。

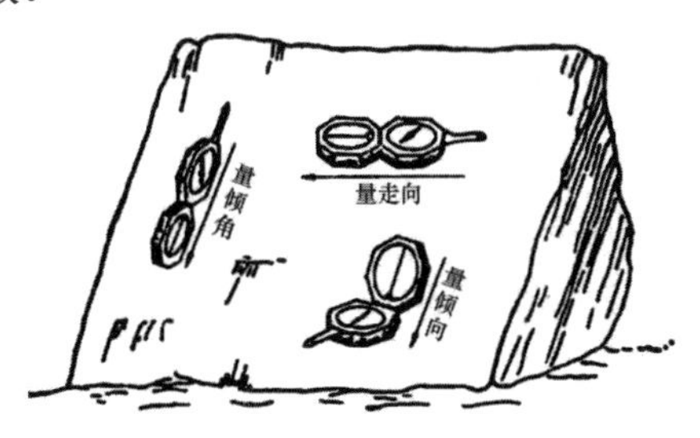

图 3-2　测量岩层产状要素

（三）岩层产状记录方法

岩层产状测量的记录有以下两种方法：

（1）象限角表示法。象限角表示法以北或南的方向（0°）为准，一般记走向、倾向、倾角。如N65°W/25°S，即走向北偏西65°、倾角25°、大致向南倾斜；N30°E/27°SE，即走向北偏东30°、倾角27°、倾向南东。

（2）方位角表示法。方位角表示法一般只记录倾向和倾角。如205°∠25°，前者是倾向的方位角，后面是倾角，即倾向205°，倾角25°。再用加或减去90°的方法计算出走向。

岩层的产状三要素在地质图上可用符号┣25°来表示：长线表示走向，短线表示倾向，数字代表倾角。

第三节　褶皱构造

一、褶皱概念

岩层在构造运动的作用下，产生一系列连续的波状弯曲，称为“褶皱”。绝大多数褶皱是在水平挤压力作用下形成的；有的褶皱是在垂直作用力下形成的；还有一些褶皱是在力偶的作用下形成的，多发育在夹于两个坚硬岩层间的较弱岩层中或断层带附近。褶皱是地壳中最常见的地质构造之一，它的规模相差悬殊，巨大的褶皱可延伸达数十至数百千米，而微小的褶皱则只可在手标本上见到。

褶皱揭示了一个地区的地质构造规律，不同程度地影响着水文地质及工程地质条件。因此，研究褶皱的产状、形态、类型、成因及分布特点，对于查明区域地质构造和工程地质条件及水文地质具有重要意义。

二、褶曲的基本形态和要素

（一）褶曲的基本形态

为了分析、研究褶皱的构造和对褶皱进行分类，首先要确定褶皱的基本单位——褶曲。褶曲是岩层的一个弯曲。两个或两个以上褶曲的组合叫作褶皱。褶皱的形态也是多种多样的，但其基本形式只有两种，如图 3-3 所示。其中，岩层向上弯曲，核心部分岩层较老的称为“背斜”；反之，岩层向下弯曲，核心部分岩层较新的称为“向斜”。

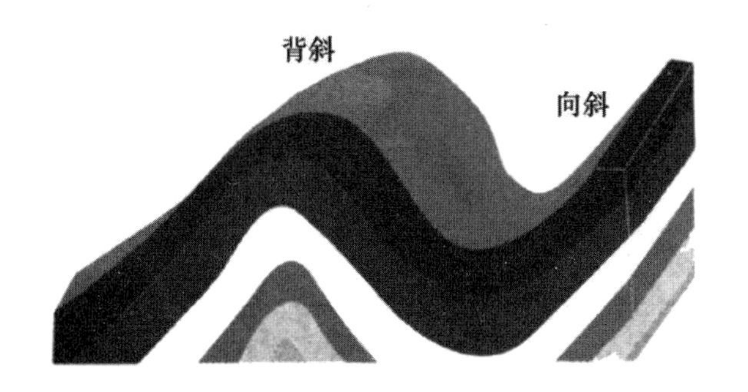

图 3-3　褶曲的基本类型

由于褶皱形成后，地表长期受风化剥蚀作用的破坏，其外形也可改变。“高山为谷，深谷为陵”就是这个道理。

（二）褶曲的要素

褶皱的各组成部分称为褶曲要素，任何褶曲都具有以下基本要素（图3-4）。

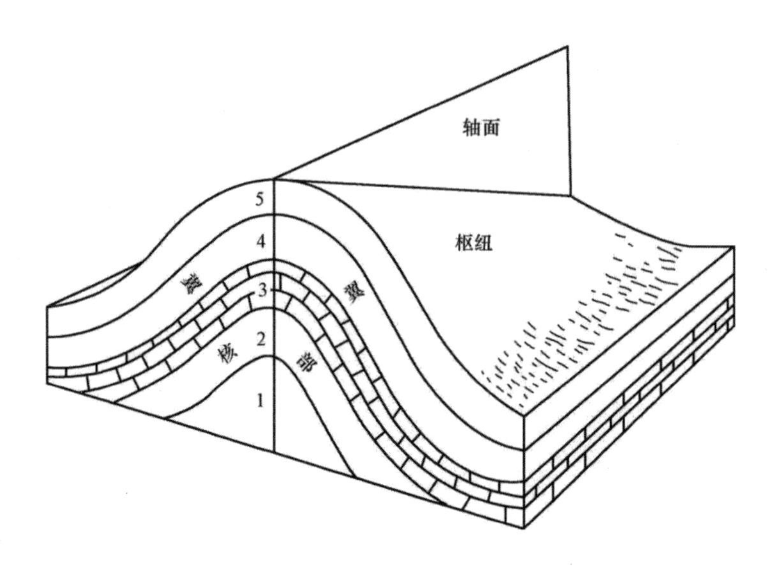

图 3-4 褶曲要素

（1）核部。核部指褶曲弯曲的中心部分，如背斜核部是较老岩层，而向斜核部则为较新岩层。

（2）翼。翼指褶曲核部两侧的岩层。

（3）轴面。轴面大致平分褶曲两翼的假想面，可为平面或曲面，它的空间位置和岩层一样可用产状表示，有直立的、倾斜的和水平的。

（4）轴线。轴线指轴面与水平面的交线，它可以是水平的直线或曲线。轴线的方向表示褶曲的延长方向，轴线的长度反映褶皱在轴向上的规模大小。

（5）枢纽。褶曲岩层的层面与轴面相交的线，叫作枢纽。它可以是水平的、倾斜的或波状起伏的，并能反映褶曲在轴面延伸方向上产状的变化。背斜的枢纽称为脊线；向斜的枢纽称为槽线。

三、褶曲的形态分类

（一）按轴面和两翼岩层的产状分类（图 3-5）

（1）直立褶曲：轴面近于垂直，两翼岩层向两侧倾斜，倾角近于相等。

（2）倾斜褶曲：轴面倾斜，两翼岩层向两侧倾斜，倾角不等。

（3）倒转褶曲：轴面倾斜，两翼岩层向同一方向倾斜，其中一翼层位倒转。

（4）平卧褶曲：轴面水平或近于水平，一翼岩层层位正常，另一翼层位倒转。

（5）翻卷褶曲：轴面翻转向下弯曲，通常是由平卧褶皱转折端部分翻卷而成。

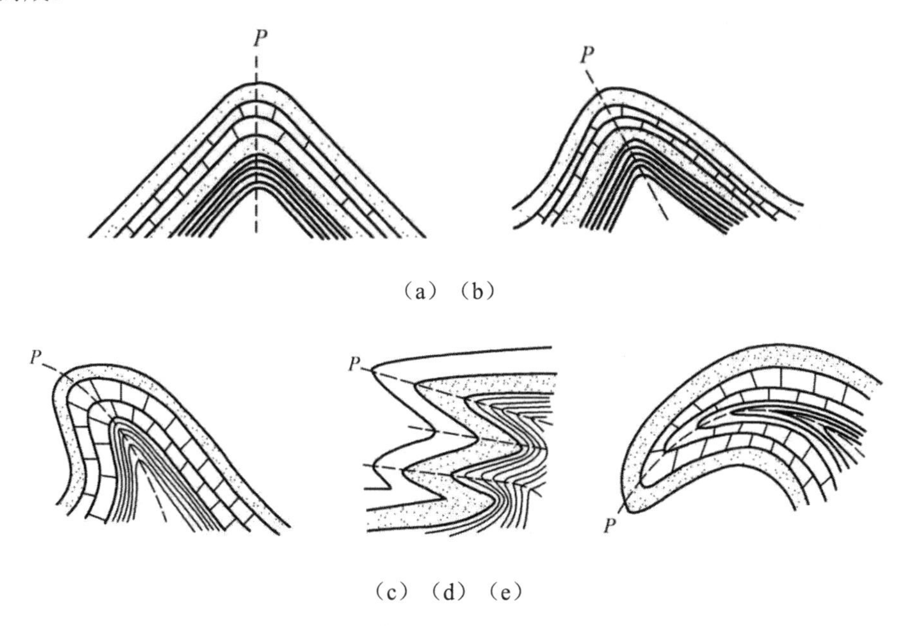

（a）（b）

（c）（d）（e）

图 3-5　褶曲按轴面产状分类示意图

（二）按褶曲在平面上的形态分类

（1）线状褶曲。线状褶曲是指同一岩层在平面上的纵向长度和宽度之比大于 10∶1 的狭长形褶曲。

（2）短轴褶曲。短轴褶曲是指同一岩层在平面上的纵向长度与横向宽度之比在 3∶1～10∶1 之间的褶曲。

（3）穹窿和构造盆地。穹窿和构造盆地是指同一岩层在平面上的纵向长度与横向宽度之比小于 3∶1 的圆形或似圆形褶曲。背斜称为“穹窿”；向斜称为“构造盆地”。

（三）按褶曲枢纽的产状分类

按褶曲枢纽的产状可分为以下两种，如图 3-6 所示。

（1）水平褶曲。水平褶曲是指枢纽水平，两翼同一岩层的走向基本平行。

（2）倾伏褶曲。倾伏褶曲是指枢纽倾斜，两翼同一岩层的走向不平行而呈弧形变化。

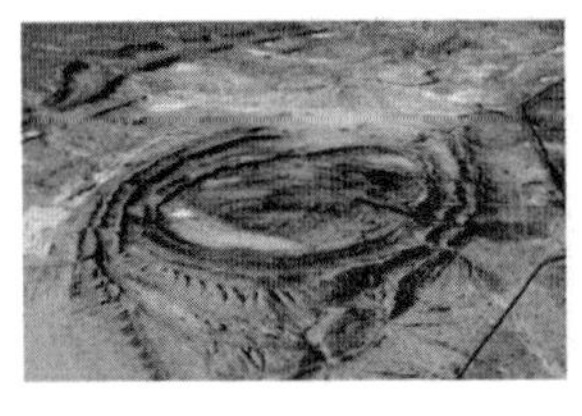

穹隆构造

复式褶曲

图 3-6　按褶曲枢纽的产状分类

四、褶皱的识别

不论褶皱构造的规模大小、形态特征如何，若无断层干扰，则两翼岩层总是对应出现。对于背斜构造，自核部向两翼部方向，地层顺序总是由旧到新；向斜相反，自核部向两侧翼部方向，地层顺序总是由新到旧。并且，在两翼如不因地层错断产生缺失和重复时，都是对应出现。这些特点是褶皱构造地层分布的规律，也是识别褶皱的基本方法。

较常见的直立褶皱和倾斜褶皱，在岩层产状方面也有较明显的规律：背斜构造两翼岩层倾向相反，而且都是向外部倾斜；向斜构造两翼岩层倾向也相反，但向中心倾斜。但倒转褶皱和平卧褶皱则不存在这种产状特征。所以，褶皱的识别应首先抓住地层新旧层序这个基本规律。

在野外进行地质调查及地质图分析时，为了识别褶皱，首先可沿垂直于岩层走向的方向进行观察，查明地层的层序和确定地层的时代，并测量岩层的产状要素。然后，根据以下几点，分析判断是否有褶皱存在，进而确定是向斜还是背斜。

（1）根据岩层是否有对称重复的出露，可判断是否有褶皱存在。若在某一时代的岩层两侧，有其他时代的岩层对称重复出现，则可确定有褶皱存在。若岩层虽有重复出露现象，但并不对称分布，则可能是断层形成的，不能误认为褶皱。

（2）对比褶皱核部和两翼岩层的时代新旧关系，判断褶皱是背斜还是向斜。若核部地层时代较老，两侧依次出现渐新的地层，为背斜；反之，若核部地层时代较新，两侧依次出现渐老的地层，则为向斜。

（3）根据两翼岩层的产状，判断褶皱是直立的、倾斜的还是倒转的等。

此外，为了对褶皱进行全面认识，除进行上述横向的分析外，还要沿褶曲轴延伸方向进行平面分析，了解褶曲轴的起伏情况及其平面形态的变化。若褶曲轴是水平的，呈直线状，或在地质图上两翼岩层对称重复，并平行延伸，则称为水平褶皱；若在地质图上两翼岩层对称重复，但彼此不平行且逐渐折转会合，呈“S”形，则为“倾伏褶皱”。

五、褶曲构造对工程建设的影响

（一）褶曲构造影响着建筑物地基岩体稳定性及渗透性

选择桥址时，应尽量考虑避开褶曲轴部地段，因为轴部张应力集中，节理发育，岩石破碎，易受风化，岩体强度低，渗透性强，所以工程地质条件较差。当桥址选在褶曲翼部时，若桥轴线平行岩层走向，则桥基岩性较均一。再从岩层产状考虑，岩层倾向上游，倾角较陡时，对桥基岩体抗滑稳定最有利；当倾角平缓时，桥基岩体易于滑动；岩层倾向下游，倾角又缓时，岩层的抗滑稳定性最差。

当桥轴线与褶曲岩层走向垂直时，桥基往往置于不同性质的岩层上。如果岩层软硬相差较大，桥基就可能产生不均匀沉降。岩层倾向河谷的一侧，岩体可能产生顺层滑动。

（二）岩层产状对隧道的影响

在强烈褶皱区或岩层产状变化复杂的地区，往往在很小范围内岩性及地下水有极大的变化，这常常给施工带来困难。在水平岩层地区修筑地下隧道是有利的，因为可以选择在同一较好的岩层中通过，这样不但施工简单，而且易于保证安全。

如果是在倾斜岩层地区修建隧道，洞轴线与岩层走向的交角要大，岩层倾角越大越好；如洞轴线与岩层走向交角小或平行，则洞顶将产生偏压。

第四节　断裂构造

岩体受构造应力作用超过其强度时而发生破裂或位移，使岩体的完整性和连续性遭到破坏，这种构造称为“断裂构造”。根据断裂两侧岩石的相对位移情况，断裂构造的变位可分为裂隙和断层两种类型。

断裂构造是主要的地质构造类型，在地壳中广泛分布，对建筑地区岩体的稳定性影响很大，而且常对建筑物地基的工程地质评价和规划选址、设计施工方案的选择起控制作用。

一、裂隙（节理）

（一）节理的成因类型

断裂两侧岩石仅因开裂分离，并未发生明显相对位移的断裂构造称裂隙（或节理）。它往往是褶皱和断层的伴生产物，然而自然界中岩石的裂隙并非都是由于地质构造运动所造成的，根据裂隙的成因，可将其分为原生（成岩）裂隙、次生裂隙和构造裂隙三种基本类型。

（1）原生（成岩）裂隙，即岩石在成岩过程中形成的裂隙。如玄武岩中的柱状节理，是其在形成时岩浆喷发至地表后冷却收缩而产生的六棱柱状、五棱柱状或其他不同形态的节理。在南京六合区桂子山发现的世界，上罕见的石林，就是由玄武岩的柱状裂隙形成的。此外，沉积岩中的龟裂现象，是失去水分后干缩而成的，也是一种成岩节理。

（2）次生裂隙，即由于岩石风化、岩坡变形破坏、河谷边坡卸荷作用及人工爆破等外力而形成的节理。一般仅局限于地表，规模不大，分布也不规则。如卸荷裂隙是由于河流的下切侵蚀，使河谷及其两侧的部分岩石被搬运，致使下部岩石所受的压力减轻（称减压卸荷作用），应力得以释放而产生的平行于岸坡和谷底的裂隙。

（3）构造裂隙，即由地壳运动产生的构造应力作用而形成的裂隙，在岩石中分布广泛，延伸较深，方向较稳定，可切穿不同的岩层。按其力学性质可分为张节理和剪节理两种，如图 3-7、图 3-8 所示。

①张节理是岩石所受张应力超过其抗张强度后破裂而产生的裂隙，多见于脆性岩石中，尤其是在褶皱转折端等张应力集中的部位。其特点是具有张开的裂口，裂隙面粗糙不平，沿走向方向和沿倾向方向延伸均不远。砂岩和砾岩中的张节理，裂隙面往往绕过砾石或砂粒，呈现凹凸不平状。

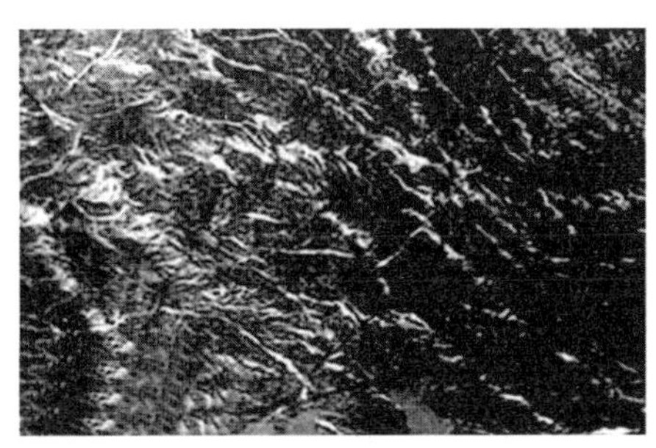

图 3-7　张节理

图 3-8　剪节理

②剪节理是岩石所受剪应力超过其抗剪强度后破裂而产生的裂隙，一般发生在与最大压应力方向成 45° 左右夹角的平面上。在岩石中常成对出现，呈“X”形交叉，因而也可称为“X”形裂隙（或节理）。剪节理的特征是细密而闭合，裂隙面平直、光滑，延伸较远，有时可见到擦痕。共轭砾岩或砂岩中的剪节理，裂隙面往往切穿砾石或砂粒。

张节理和剪节理的比较见表 3-1。

表 3-1　张节理和剪节理比较

类型	作用力	裂面张开充填情况	裂隙面特征	裂隙间距	延伸情况	发育情况
张节理	张应力	裂缝张开常被石英、方解石脉充填	弯曲粗糙不平，呈锯齿状，无擦痕	较大	走向变化大，延伸不远，常绕过砾石或砂粒	褶皱轴部成组出现，平行或垂直褶皱轴
剪节理	剪应力	裂隙紧闭或稍张开	平直、光滑，有擦痕及镜面两侧岩层相对位移	较小	走向稳定，延伸较长，常切岩石中的砾石或砂粒	一般同时出现两组，成“X”形，较密集

（二）节理统计及节理玫瑰图

在建筑地区，进行节理的野外调查与统计，对研究建筑物地区的地质构造、发育规律和分布特征，评价地基岩体完整性与稳定性，具有很重要的实际意义。

为了反映节理的发育程度和分布规律，分析其对建筑物地区岩体的稳定性的影响，常采用图表的方法表示。

（1）节理观测统计。根据工程要求，在主要建筑物地段，选择面积为 1～4 m^2 节理比较发育、有代表性的岩体，按节理观测记录所列内容进行观测、统计并做好记录。

根据节理统计记录，将节理走向、倾向和倾角，每隔 10°或 5°为一区间进行分组，并统计每组节理的条数和走向、倾向、倾角的区间中值（或平均值），并找出最发育的节理组。

（2）节理玫瑰图的绘制。节理玫瑰图的绘制按下列步骤进行：

①取适当值为半径作半圆，沿半圆周标出东、西、北三个方向；

②将半圆周 18 等分，代表节理走向；

③以最发育一组的节理条数等分半径，第一单位线段代表一条节理；

④把每组节理走向区间中值，点绘在玫瑰图的相应位置上；

⑤连接各点成一闭合折线，即为节理走向玫瑰图，如图 3-9 所示；

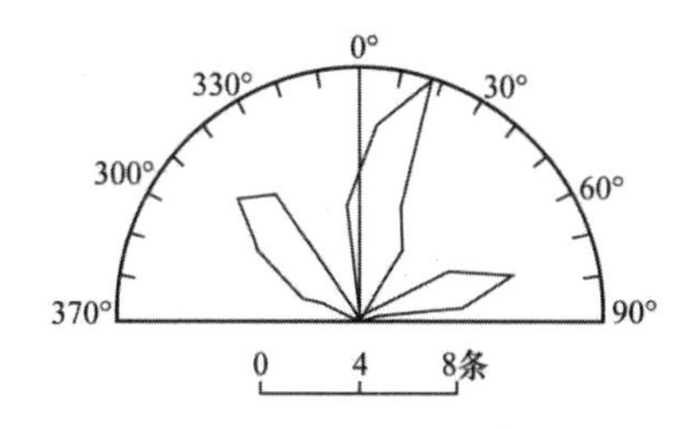

图 3-9　节理倾向玫瑰图

⑥节理倾向玫瑰图是先将测得的节理，按倾向每隔 5° 或 10° 为一区间进行分组，并统计每组节理的条数和区间中值（或平均值），用绘制走向玫瑰花图的方法，在注有方位的圆周上，根据平均倾向和节理条数，定出各组相应的端点。用折线将这些点连接起来，即为节理倾向玫瑰图。如果用平均倾角表示半径方向的长度，用同样的方法可以编制节理倾角玫瑰图。

二、断层

在构造应力作用下，岩层所受应力超过其本身的强度，使其连续性、完整性遭受破坏，并且沿断裂面两侧的岩体产生明显位移，称为断层。由于构造应力大小和性质的不同，断层规模差别很大，小的可见于一块小的手标本上，大的可延伸数百甚至上千米。如我国的郯庐大断裂，在 1/100 万的卫星图像上都显示得很清楚。

（一）断层要素

断层的基本组成部分，称为断层要素。它包括断层面、断层线、断层带、断盘、断距等，如图 3-10 所示。

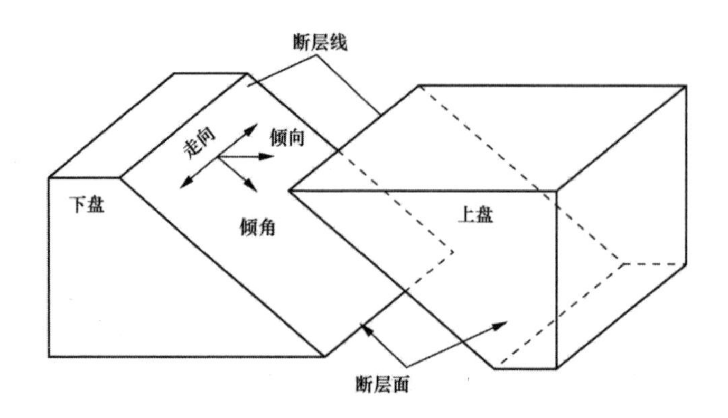

图 3-10 断层要素图.

（1）断层面。岩层断裂错开，发生相对位移的破裂面，称为断层面。断层面可以是直立的或倾斜的平面，也可以是波澜起伏的曲面。断层面的空间位置用产状要素表示。

（2）断层线。断层面与地面的交线，称为断层线。断层线表示断层的延伸方向，其形状取决于断层面及地表形态，它可以是直线，也可以是各种曲线。

（3）断层带。包括断层破碎带和断层影响带，是指断层面之间的岩石发生错动破坏而形成的破碎部分，以及受断层影响使岩层裂隙发育或产生牵引弯曲的部分。

（4）断盘。断层面两侧岩体，称为断盘。当断层面倾斜时，位于断层面以上的岩体，叫作上盘；断层面以下的岩体，叫作下盘。断层面直立时，则按方向可称为东盘、西盘，或南盘、北盘。

（5）断距。断层两盘岩体沿断层面相对移动的距离，称为断距。断距可分为总断距、铅直断距、水平断距、走向断距、倾向断距等。

（二）断层的基本类型

（1）断层按形态和成因分类。按断层两盘相对位移的情况，将断层分为正断层、逆断层和平移断层。

①正断层。由于张应力作用使岩层产生断裂，进而在重力作用下，引起上盘沿断层面相对下降，下盘相对上升的断层，称为正断层。断层破碎带较

宽时，常为断层角砾或断层泥。

②逆断层。上盘沿断层面上升，下盘相对下降，主要是由于水平挤压作用的结果。所以，也称为压性断层。断裂带较紧密，断层面呈舒缓波状，常可见擦痕。逆断层按断层面倾角的不同可分为冲断层、逆掩断层、辗掩断层。

冲断层：断层面倾角大于 45° 的高度角逆断层，称为冲断层。

逆掩断层：断层面倾角为 25° ～45° 的逆断层，称为逆掩断层。往往是由倒转褶皱发展形成，它的走向与褶皱轴大致平行，逆断层的规模一般都较大。

辗掩断层：断层面倾角小于 25° 的逆断层，称为辗掩断层。常是区域性的巨型断层，断层一盘较老地层沿着平缓的断层面推覆在另一盘较新岩层之上，断距可达数千米，破碎带的宽度也可达几十米。

③平移断层。两盘沿断层面走向的水平方向发生相对位移的断层，称为平移断层。平移断层一般是在剪切应力作用下，沿平面剪切裂隙发育形成的，断层面较平直、光滑。

其次，根据断层走向与岩层走向的关系，可分为走向断层（与岩层的走向平行）、倾向断层（与岩层的走向垂直）及斜交断层（与岩层的走向斜交）。根据断层走向与褶皱轴向的关系，也可分为纵断层（与褶皱轴向一致）、横断层（与褶皱轴向正交）、斜断层（与褶皱轴向斜交）。

断盘运动的几种方式如图 3-11 所示。

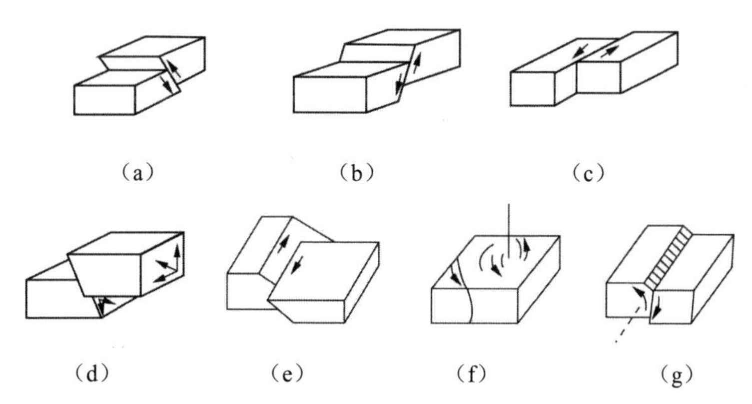

（a）逆断层；（b）正断层；（c）平移断层；（d）平 移逆断层，（e）平 移正断层；（f）沿铅直轴的旋转断层；（g）沿水平轴的旋转断层

图 3-11　断盘运动的几种方式示意图

（2）根据断层的力学性质，可将断层分为压性断层、张性断层、扭性断层、压扭性断层、张扭性断层。

①压性断层：压性断层由压应力作用形成，其走向垂直于主压应力方向，多呈逆断层形式，断层面为舒缓波状，断裂带宽大，常有断层角砾岩。

②张性断层：张性断层在张应力作用下形成，其走向垂直于张应力方向，多呈正断层形式，断层面粗糙，多呈锯齿状。

③扭性断层：扭性断层在剪应力作用下形成，与主压应力方向的交角小于 45°，并常成对出现，断层平直、光滑，常有大量擦痕。

④压扭性断层：压扭性断层具有压性断层兼扭性断层的力学特征，如部分平移逆断层。

⑤张扭性断层：具有张性断层兼扭性断层的力学特征，如部分平移正断层。

（3）按断层面产状与地层产状的关系可分为走向断层、倾向断层、斜向断层、顺向断层。

①走向断层：断层走向与地层走向基本平行。

②倾向断层：断层走向与地层走向基本垂直。

③斜向断层：断层走向与地层走向斜交。

④顺向断层：断层面与岩层面大致平行。

在自然界往往可以见到断层的组合形式（图 3-12），如地垒（两边岩层沿断层面下降，中间岩层相对上升，多构成块状山地，如泰山、天山、阿尔泰山均有地垒式构造）、地堑（两边岩层沿断层面_上升，中间岩层相对下降，如东非大裂谷、汾河、渭河地堑谷地）、阶梯状断层（岩层沿多个相互平行的断层面向同一方向依次下降）和迭瓦式（推覆式）断层（一系列冲断层或逆掩断层，使岩层依次向上冲掩，如青藏高原、天山山脉）等。

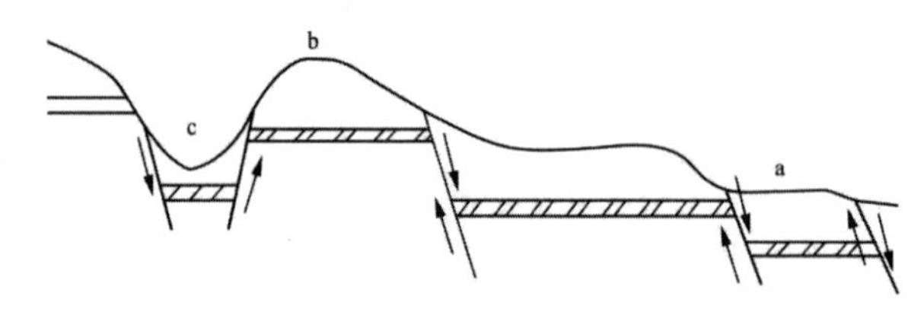

图 3-12　阶梯状断层、地垒、地堑

图 3-13 这种组合形态的断层，在江西庐山一带表现得极为典型。庐山两侧为阶梯状断层，庐山上升为地垒。长江河谷两侧也是阶梯状断层，而长江河谷则是下陷的地堑。

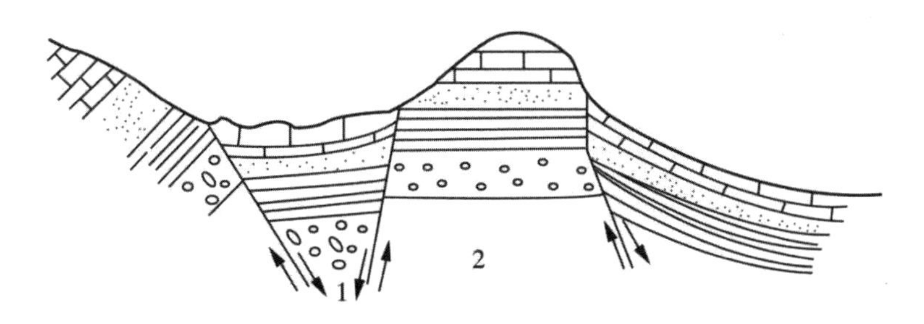

图 3-13　阶梯状断层

（三）断层的野外识别方法

断层的形态类型很多，规模大小不一，加之各种地质因素的影响，这就给在野外判断是否存在断层、属于什么性质的断层带来一定的困难。但由于断层面两侧岩体产生了相对位移，在地表形态和地层构造上反映出一定的特征及规律性，便给在野外识别断层提供了依据（图 3-14）。

图 3-14　断层的伴生构造

（1）构造上的特征。构造上的特征主要有擦痕、破碎带、构造上的不连续和牵引褶曲等。

①擦痕。断层面上下盘错动摩擦而留下的痕迹，称为断层擦痕。

②破碎带。破碎带是指断层两盘岩体相对运动使断层面附近的岩石破坏成碎石和粉末的部分。碎石经胶结成断层角砾岩、糜棱岩，粉末为断层泥。

③构造上的不连续。断层常常将岩层、岩墙或岩脉错断，造成构造上的不连续。同时，由于构造上的不连续，会形成岩层产状的突然变化。

④牵引褶曲。断层两盘相对位移时，断层面两侧的岩石发生塑性变形，常形成小型牵引褶曲。利用牵引褶曲的方向，可以判断上下盘移动的方向及断层的性质。

（2）岩层的特征。岩层的特征主要有岩层中断、岩层重复和岩层缺失，如图 3-15 所示。

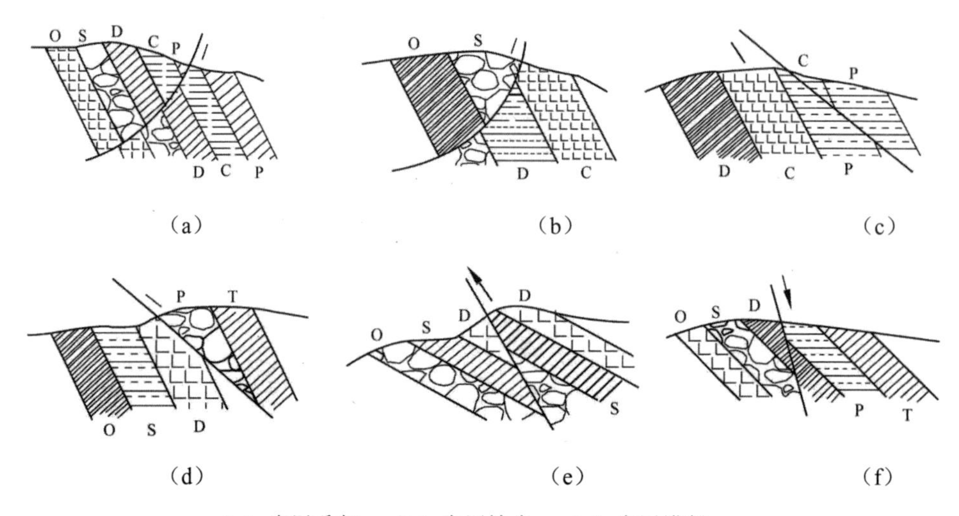

（a）岩层重复；（b）岩层缺失；（c）岩层错断；

（d）岩层牵引弯曲；（e）断层角砾；（f）断层擦痕

图 3-15 断层证据

①沿走向方向岩层中断。在单斜岩层地区，沿岩层走向观察，若岩层突然中断且呈交错的不连续状态，则往往是断层的标志。

②岩层的重复和缺失。由于断盘的相对位移，改变了岩层的正常层序，使岩层产生不对称的重复或缺失。但必须注意断层所产生的岩层重复是不对称的，岩层缺失不具有侵蚀面。要同褶皱造成的岩层对称重复和不整合形成的具有侵蚀面的岩层缺失加以区别。

（3）地形地貌上的特征。地形地貌上的特征主要有断层崖、断层三角面、河流纵坡的突变、河流及山脊的改向。

①断层崖。断层上升盘突露地表形成的悬崖，称为断层崖。

②断层三角面。一些比较平直的断层崖，经过流水的侵蚀作用，形成一系列横穿崖壁的“V”形谷，谷与谷之间的三角面称为断层三角面（图 3-16）。

图 3-16　渭河以南秦岭北侧的断层三角面（自华阴南望华山）

③河流纵坡的突变。当断层横穿河谷时，可能使河流纵坡发生突变，造成河流纵坡的不连续现象。但河流纵坡的突变，不一定都是由于断层形成的，也可能是河床底部岩石抗侵蚀的能力不同所致。

④河流及山脊的改向。水平方向相对位移显著的断层，可将河流或山脊错开，使河流流向或山脊走向发生急剧变化。

⑤断陷盆地。断层围限的陷落盆地，不同方向断层所围或一边以断层为界，多呈长条菱形、楔形，内有厚而松散的物质。

（4）水文地质特征。断层的存在，易风化侵蚀形成谷地，即“逢沟必断”，有利于地下水的富集、埋藏和运动。因此，在断层带附近往往可见到泉水、湖泊呈线状出露于地表。某些喜湿性植物呈带状分布。

以上是野外地质工作中认识判断地层的一些主要标志。但是，由于自然界的事物是复杂的，其他因素也可能造成上述某些现象。因此，不能单方面地根据某一标志来进行分析并确定断层的存在。要全面观察、细心研究、综合分析判断，才能得出可靠的结论。

（四）断裂构造对路桥工程的影响

断裂构造对工程建筑的影响是很大的。由于断裂构造的存在，破坏了岩体的连续完整性，降低了岩石的强度，增大了岩体的透水性能，因而将导致工程建筑物发生不均匀沉陷、滑动和渗漏，影响工程建筑物的安全稳定、经济效益及施工方法等一系列问题，对工程极为不利，因此，在选择工程建筑物的地址时，应查清断层的类型、分布、断层面产状、破碎带宽度、充填物的物理力学性质、透水性和溶解性等。另外，沿断层破碎带易形成风化深槽，特别是在断层节理密集交汇处更易风化侵蚀，形成较深的囊状风化带。为了防止断裂构造对工程的不利影响，尽量避开大的断层破碎带和节理密集地段。若确实无法避开，则必须采取有效处理措施。在工程建设中，对断裂构造的处理方法一般有开挖清除、灌浆和做阻滑截渗墙。

（1）开挖清除。将断层破碎带的松散碎屑物质挖掉，然后回填混凝土或黏土。

（2）灌浆。多采用水泥灌浆，以提高破碎带的强度和降低其渗透性。

（3）做阻滑截渗墙。修筑混凝土或钢筋混凝土墙，将破碎带截断，以提高地基的抗滑能力并降低其渗透性。

（五）活断层

我国有许多省、区，如西藏、青海、四川、云南等西北、西南内陆地区，广东、福建、台湾等东南沿海，以至东北、华北等地，历史上均有强烈的地震发生，它直接影响建筑物的稳定与安全。据研究，地震的产生大多数与活断层有密切的关系。活断层对工程建筑有较大的影响，主要表现在如下两方面：横跨断层的建筑物，可能因活断层的水平或垂直位移而产生拉裂、变形，甚至破坏，活断层会引起地震，使附近的建筑物遭到破坏。如美国蒙太那（Montana）的马蒂森河，上的赫布根（Hebgen）水库，1958 年 8 月西黄石地震时，在库区附近产生了长度分别为 9.65 km 和 22.5 km 的两条断裂线，其中有 16.1 km 的长度发生了垂直错动，最大错距达 6.1 m。赫布根水库在新构造断裂地震的作用下，发生了变形，水库南岸突然上升了 2.44 m，而另一岸却下沉了数十厘米，水库水位在地震后降低了 0.15 m，水库下游 9.6 km 处还形成了一个巨大的滑坡体，估计塌方量达 5000 万～8000 万 m^2，塌方土石在河床中的堆筑高度达 53.4 m。因而，在选择建筑物场地时，应注意避开活断层。

所谓活断层，一般理解为目前还在持续活动的断层，或历史时期或近期地质时期活动过、极可能在不远的将来重新活动的断层。后一种情况也可称为潜在活断层。一万多年以来活动过的断层称全新活动断层。

（1）活断层的特性。活断层的特性包括活断层的类型和活动方式、活断层的规模、活断层的错动速率及其分级、活断层的重复活动周期，以及作为活断层活动记录的古地震事件等。

（2）活断层的年龄判据。确定活断层最新一次活动的地质年代和绝对年龄对工程建设有着至关重要的影响。

活断层的年龄判据，要以第四纪地质学和地层学研究等为基础，来判定活断层的地质年代或年代范围。在此基础上，应用现代测试技术，取样测定绝对年龄。所以，年龄判据方法可分为错断地层年龄法（间接法）和断层物质绝对年龄法（直接法）两大类。

错断地层年龄法适用于错断断层带及其所在地质体上覆盖第四纪沉积物的条件下。

（3）活断层的调查与判别。活断层调查目的是确定断层带的位置、宽度、分支断裂发育情况、错动幅度及变形带宽度，以及活断层的活动时间间隔。

鉴别活动层的主要标志如下：

①生代地层被错断、拉裂或扭动；

②地面出现地裂缝且呈大面积有规律的分布，其总体延伸方向与地下断裂的方向一致；

③地形上发生突然变化，形成断崖、断谷，或河床纵断面发生突然变化，在突变处出现瀑布或湖泊；

④建筑物，如古城堡、庙宇、古坟葬等被断层错开；

⑤根据仪器观测，沿断层带有新的地形变化或有新的地应力集中现象；

⑥地震活动、火山爆发等。

第五节　岩层的接触关系

岩层的接触关系是指不同时代岩层之间纵向上的相互关系。它反映了地壳运动的性质和规模，可将其分为整合接触、假整合接触和角度不整合接触三种基本类型。

一、整合接触

整合接触基本上是连续沉积所形成的，当沉积区在某一地质历史时期是处于连续下降或虽短暂上升，但未超过侵蚀基准面时，沉积作用就是基本连续进行的。因此，在这种条件下形成的一套岩层，无论是岩性还是古生物的演化，基本上是连续和逐渐变化的，它们的产状大致是平行一致的，如图 3-17（a）所示。

二、假整合接触

假整合接触又叫平行不整合接触，它是指两套岩层间曾发生过沉积间断，其间缺失了某一段时间沉积的岩层，但其上、下产状基本还是一致的，上、下两套岩层间的接触面叫不整合面，如图 3-17（b）所示。两套岩层间的岩性和古生物化石，常有较显著的差异或突变现象，上覆岩层底部常有由下伏岩层的砾石形成的底砾岩；下伏岩层顶面则常凹凸不平，且往往有古风化壳残余。

三、角度不整合接触

角度不整合接触，即狭义的不整合接触，不整合接触是指两套岩层间不仅发生过沉积间断，而且在沉积间断期发生过构造变动，因而两套岩层间的产状具有明显的差异。其特征是不整合面上、下两套岩层的产状明显不一致，呈一定角度相交，如图 3-17（c）所示。

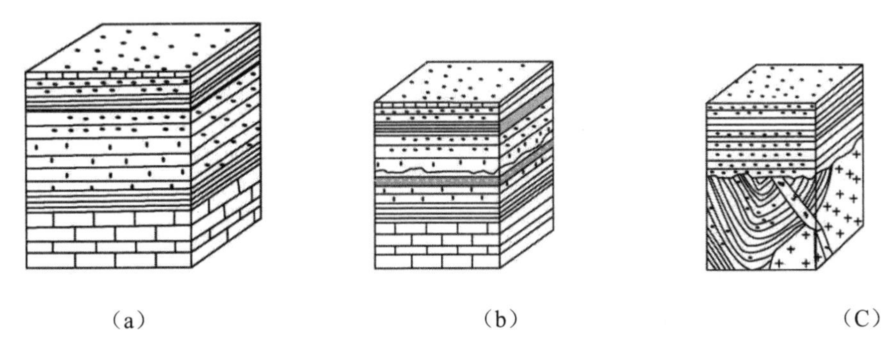

（a）整合接触；（b）假整合接触；（c）角度不整合接触

图 3-17　岩层的接触

第六节　地质构造与工程建筑物稳定性的影响

地质构造对工程建筑物的稳定性有很大的影响。由于工程位置选择不当，将工程建筑物设在对地质构造不利的部位，就可能引起建筑物的失稳破坏，因此我们对其必须有充分的认识。

一、边坡与地质构造的关系

岩层的产状与岩石路堑边坡坡向间的关系控制着边坡的稳定性。

（1）当岩层倾向与边坡坡向一致，而倾角大于或等于边坡坡角时，边坡一般较稳定；

（2）当坡角大于岩层倾角时，则岩层因失去支撑而有滑动的趋势；

（3）当岩层倾向与坡向相反时，若岩层完整、层间结合好，则边坡是稳定的；若岩层内有倾向坡外的节理，层间结合差，岩层倾角又很陡，则容易发生倾倒破坏。

二、隧道与地质构造的关系

（1）穿越水平岩层的隧道，应尽量选择在岩性坚硬、完整的岩层中，如石灰岩、砂岩。在软硬相间的情况下，隧道拱部应尽量设置在硬岩中，设置在软岩中有可能发生坍塌。

（2）当垂直穿越岩层时，若岩层软硬相间，则由于软岩层间结合差，在软岩部位，隧道拱顶常发生顺层坍方。

（3）当隧道轴线顺岩层走向通过时，倾向洞内的一侧岩层易发生顺层坍滑，边墙受偏压。

一般情况下，由于褶曲的轴部岩层弯曲、节理发育、地下水常可渗入，易诱发坍方，因此隧道位置应选在褶曲翼部或横穿褶曲轴。垂直穿越背斜的隧道，其两端的拱顶压力大，中部岩层压力小，隧道横穿向斜时，情况相反。

三、桥基与地质构造的关系

断层带岩层破碎，常夹有许多断层泥，应尽量避免将工程建筑物直接放在断层上或断层破碎带附近。

对于不活动的断层，墩台必须设在断层上时，应根据具体情况采用相应的处理措施。

铁路选线时，应尽量避开大断裂带，且线路不应沿断裂带走向延伸；若在条件不允而必须穿过断裂带时，应尽量以大角度或垂直穿过断裂带。

第四章　岩土性质及其破碎机理

第一节　土的物理力学性质

土是连续、坚固的岩石在风化作用下形成的大小悬殊颗粒、经过不同的搬运方式，在各种自然环境中生成的沉积物。在漫长的地质年代中，由于各种内力和外力地质作用形成了许多类型的岩石和土。岩石经历风化、剥蚀、搬运、沉积生成土，而土历经压密固结，胶结硬化也可再生成岩石。

通常土的物质成分包括作为土骨架的固态矿物颗粒，孔隙中的水及其溶解物质以及气体。因此，土是由颗粒（固相）、水（液相）和气（气相）所组成的三相体系。表示土的三相组成部分质量、体积之间的比例关系的指标，称为土的三相比例指标。主要指标有比重、天然密度、含水量（这 3 个指标需用实验室实测）和由它们计算得出的指标干密度、饱和密度、孔隙率、孔隙比和饱和度。这些指标随着土体所处条件的变化而改变，如随着地下水位的升高或降低，土中水的含量也相应增大或减小；密实的土，其固相和液相占据的孔隙体积少。这些变化都可以通过相应指标的数值反映出来。土的三相比例指标是其物理性质的反映，但与其力学性质有内在联系，显然固相成分的比例越高，其压缩性越小，抗剪强度越大，承载力越高。

一、土的物理性质

（一）土粒密度

土粒密度是指固体颗粒的质量 m_s。与其体积 V_s 之比，即土粒的单位体积质量：

$$\rho_s = \frac{m_s}{V_s}(g/m^3) \quad (4\text{-}1)$$

土粒密度仅与组成土粒的矿物密度有关，而与土的孔隙大小和含水多少无关。实际上是土中各种矿物密度的加权平均值。

砂土的土粒密度一般为 2.65 g/cm^3 左右；

粉质砂土的土粒密度一般为 2.68 g/cm^3 左右；

粉质黏土的土粒密度一般为 2.68～2.72 g/cm^3；

黏土的土粒密度一般为 2.7～2.75 g/cm^3。

土粒密度是实测指标。

（二）土的密度

土的密度是指土的总质量 m 与总体积 V 之比，也即为土的单位体积的质量。其中：$V=V_s+V_v$；$m=m_s+m_w$。

按孔隙中充水程度的不同，有天然密度、干密度、饱和密度之分。

1.天然密度（湿密度）

天然状态下土的密度称为天然密度，以下式表示：

$$\rho = \frac{m}{V} = \frac{m_s + m_w}{V_s + V_v}(g/m^3) \quad (4\text{-}2)$$

土的密度取决于土粒的密度、孔隙体积的大小和孔隙中水的质量多少，它综合反映了土的物质组成和结构特征。

砂土的天然密度一般是 1.4 g/cm^3；

粉质砂土及粉质黏土的天然密度为 1.4 g/cm^3；

黏土的天然密度为 1.4 g/cm^3；

泥炭沼泽土的天然密度为 1.4 g/cm^3。

土的密度可在室内及野外现场直接测定。室内一般采用“环刀法”测定，称得环刀内土样质量，求得环刀容积；两者的比值即为土的密度。

2.干密度

土的孔隙中完全没有水时的密度称干密度，是指土单位体积中土粒的重量，即固体颗粒的质量与土的总体积之比值，可用下式表示：

$$\rho_d = \frac{m_s}{V}(g/m^3) \tag{4-3}$$

干密度反映了土的孔隙性，因而可用以计算土的孔隙率，它往往通过土的密度及含水率计算得来，但也可以实测。

土的干密度一般是 1.4～1.7 g/cm^3。

在工程.上常把干密度作为评定土体紧密程度的标准，以控制填土工程的施工质量。

3.饱和密度

土的孔隙完全被水充满时的密度称为饱和密度。即土的孔隙中全部充满液态水时的单位体积质量，可用下式表示：

$$\rho_{sat} = \frac{m_s + V_v\rho_w}{V}(g/m^3) \tag{4-4}$$

式中：ρ_w——水的密度（工程计算中可取 1 g/cm^3）。

土的饱和密度的常见值为 1.8～2.3 g/cm^3。

（三）土的含水性

土的含水性指土中含水情况，说明土的干湿程度。

1.含水率（含水量）

土的含水量定义为土中水的质量与土粒质量之比，以百分数表示，即：

$$\omega = \frac{m_w}{m_s}\times 100\% = \frac{m - m_s}{m_s}\times 100\% \tag{4-5}$$

土的含水率也可用土的密度与干密度计算得到：

$$\omega = \frac{\rho - \rho_s}{\rho_s}\times 100\% \tag{4-6}$$

室内测定一般用“烘干法”，先称小块原状土样的湿土质量，然后置于烘箱内维持 100～105℃烘至恒重，再称干土质量，湿、干土质量之差与干土质量的比值就是土的含水量。

天然状态下土的含水率称土的天然含水率。一般砂土天然含水率都不超过 40%，以 10%～30%最为常见；一般黏土大多在 10%～80%之间，常见值为 20%～50%。

土的孔隙全部被普通液态水充满时的含水率称饱和含水率，用下式表示：

$$\omega_{sat}=\frac{V_v\rho_w}{m_s}\times100\% \tag{4-7}$$

式中：ρ_w——水的密度，又称饱和水容度。

饱和含水率又称饱和水密度，它既反映了水中孔隙充满普通液态水的含水特性，又反映了孔隙的大小。

土的含水率又可分为体积含水率与引用体积含水率。

体积含水率 n_w，为土中水的体积与土体总体积之比：

$$n_w=\frac{V_w}{V}\times100\% \tag{4-8}$$

引用体积含水率 e_w，为土中水的体积与土粒体积之比：

$$e_w=\frac{V_w}{V_s}\times100\% \tag{4-9}$$

2.饱和度

定义为：土中孔隙水的体积与孔隙体积之比，以百分数表示，即：

$$S_r=\frac{v_w}{v_v}\times100\% \tag{4-10}$$

或天然含水率与饱和含水率之比：

$$S_r=\frac{\omega}{\omega_{sat}}\times100\% \tag{4-11}$$

饱和度愈大，表明土中孔隙中充水愈多，在 0～100%之间；干燥时 $S_r=0$。孔隙全部为水充填时，$S_r=100\%$。

工程上 S_r 作为砂土湿度划分的标准。

$S_r<50\%$　　稍湿的

$S_r=50\%\sim80\%$　　很湿的

$S_r>80\%$　　饱和的

工程研究中，一般将 S_r 大于 95%的天然黏性土视为完全饱和土，而砂土

S_r 大于 80%时就认为已达到饱和了。

（四）土的孔隙性

孔隙性指土中孔隙的大小、数量、形状、性质以及连通情况。

1.孔隙率与孔隙比

孔隙率（n）是土的孔隙体积与土体总体积之比，或单位体积土中孔隙的体积，以百分数表示，即：

$$n = \frac{v_v}{v} \times 100\% \tag{4-12}$$

孔隙比是土中孔隙体积与土粒体积之比，以小数表示，即：

$$e = \frac{V_v}{V_s} \tag{4-13}$$

孔隙比和孔隙率（度）都是用以表示孔隙体积含量的概念。两者有如下关系：

$$n = \frac{e}{1+e}，或 e = \frac{n}{1-n} \tag{4-14}$$

土的孔隙比或孔隙度都可用来表示同一种土的松、密程度。它随土形成过程中所受的压力、粒径级配和颗粒排列的状况而变化。一般来说，粗粒土的孔隙度小，细粒土的孔隙度大。

孔隙比 e 是个重要的物理性指标，可以用来评价天然土层的密实程度。一般 $e<0.6$ 的土是密实的低压缩性土；$e>1.0$ 的土是疏松的无压缩性土。

饱和含水率是用质量比率来反映土的孔隙性结构指标的，它与孔隙率和孔隙比，有如下关系：

$$n = \omega_{sat} g \frac{\rho_d}{\rho_w} \tag{4-15}$$

$$e = \omega_{sat} g \frac{\rho_s}{\rho_w} \tag{4-16}$$

2.砂土的相对密度

对于砂土，孔隙比有最大值与最小值，即最松散状态和最紧密状态的孔隙比。

e_{min}：一般采用“振击法”测定；

e_{max}：一般采用“松砂器法”测定。

砂土的松密程度还可以用相对密度来评价：

$$D_r=\frac{e_{max}-e}{e_{max}-e_{min}} \tag{4-17}$$

式中：e_{max}——最大孔隙比；

e_{min}——最小孔隙比；

e——天然孔隙比。

砂土按相对密度分类：

$0<D_r\leqslant 0.33$　　疏松的

$0.33<D_r\leqslant 0.66$　　中密的

$0.66<D_r\leqslant 1$　　密实的

通常砂土的相对密度的实用表达式为：

$$D_r=\frac{(\rho_d-\rho_{dmin})\ \rho_{dmax}}{(\rho_{dmax}-\rho_{dmin})\ \rho_d} \tag{4-18}$$

因为最大或最小干密度可直接求得。

D_r在工程上常应用于：①评价砂土地基的允许承载力；②评价地震区砂体液化；③评价砂土的强度稳定性。

（五）土的水理性

1.稠度与液性指数

黏性土的物理状态常以稠度来表示。

稠度是指土体在各种不同的湿度条件下，受外力作用后所具有的活动程度。

黏性土的稠度，可以决定黏性土的力学性质及其在建筑物作用下的性状。

在土质学中，常采用下列稠度状态来区别黏性土在各种不同的温度条件下所具备的物理状态（表4-1）。

表 4-1　黏性土的标准稠度及其特征

<table>
<tr><th colspan="2">稠度状态</th><th>稠度的特征</th><th>标准温度或稠度界线</th></tr>
<tr><td rowspan="2">液体状</td><td>液流状</td><td>呈薄层流动</td><td rowspan="6">触变界线
液限 W_C
黏着性界限
塑限 W_P
收缩界限 W_S</td></tr>
<tr><td>黏流状（触变状）</td><td>呈厚层流动</td></tr>
<tr><td rowspan="2">塑体状</td><td>黏塑状</td><td>具有塑体的性质，并粘着其他物体</td></tr>
<tr><td>稠塑状</td><td>具有塑体的性质，但不粘着其他物体</td></tr>
<tr><td rowspan="2">固体状</td><td>半固体状</td><td>失掉塑体性质，具有半固体性质</td></tr>
<tr><td>固体状</td><td>具有固体性质</td></tr>
</table>

相邻两稠度状态，既相互区别又是逐渐过渡的，稠度状态之间的转变界限叫稠度界限，用含水量表示，称界限含水量。

在稠度的各界限值中，塑性上限（W_L）和塑性下限（W_P）的实际意义最大。它们是区别三大稠度状态的具体界限，简称液限和塑限。

土所处的稠度状态，一般用液性指数 I_L（即稠度指标 B）来表示。

$$I_L = \frac{W - W_P}{W_L - W_P} \tag{4-19}$$

式中：W——天然含水量；

W_L——液限含水量；

W_P——塑限含水量。

按液性指数（I_L）黏性土的物理状态可分为：

坚硬：　$I_L \leqslant 0$

软塑：$0.75 \leqslant I_L \leqslant 1$

硬塑：$0 < I_L \leqslant 0.25$

流塑：　$I_L > 1$

可塑：　$I_L \leqslant 0.75$

在稠度变化中，土的体积随含水量的降低而逐渐收缩变小，到一定值时，尽管含水量再降低，而体积却不再缩小。

2.塑性和塑性指数

塑性的基本特征：①物体在外力作用下，可被塑成任何形态，而整体性不破坏，即不产生裂隙；②外力除去后，物体能保持变形后的形态，而不恢复原状。

有的物体是在一定的温度条件下具有塑性，有的物体在一定的压力条件下具有塑性；而黏性土则是在一定的湿度条件下具有塑性。

黏性土具有塑性，砂土没有塑性，故黏性土又称塑性土，砂土称非塑性土。

在岩土工程中常用两个界限含水量（又称 Atterberg 界限，瑞典土壤学家，1911 年）表示黏性土的塑性。

（1）塑性下限或称塑限，是半固态和塑态的界限含水量，它是使土颗粒相对位移而土体整体性不破坏的最低含水量。

（2）塑性上限或称液限，即塑态与流态的界限含水量，也即是强结合水加弱结合水的含量。

两个界限含水量的差值为塑性指数，即 $I_P=W_L-W_P$。

塑性指数表示黏性土具有可塑性的含水量变化范围，以百分数表示。塑性指数数值愈大，土的塑性愈强，土中黏粒含量越多。

二、土的力学性质

定义：土的力学性质是指土在外力作用下所表现的性质，主要为变形和强度特性。

（一）土的压缩性

1.土的压缩变形的本质

土的压缩性是指在压力作用下体积压缩变小的性能。从理论上，土的压缩变形可能是：①土粒本身的压缩变形；②孔隙中不同形态的水和气体的压缩变形；③孔隙中水和气体有一部分被挤出，土的颗粒相互靠拢使孔隙体积减小。

试验表明，土的压缩是气体压缩的结果。接近自然界的假设，土的压缩主要是由于孔隙中的水分和气体被挤出，土粒相互移动靠拢，致使土的孔隙体积减小而引起的。

研究土的压缩性，就是研究土的压缩变形量和压缩过程，即研究压力与孔隙体积的变化关系以及孔隙体积随时间变化的情况。

有侧限压缩（无侧胀压缩）：指受压土的周围受到限制，受压过程中基本上不能向侧面膨胀，只能发生垂直方向的变形。

无侧限压缩（有侧胀压缩）：指受压土的周围基本没有限制，受压过程中除垂直方向变形外，还将发生侧向的膨胀变形。

研究方法：室内压缩试验和现场载荷试验两种。

2.压缩试验和压缩系数

（1）压缩曲线：若以纵坐标表示在各级压力下试样压缩稳定后的孔隙比 e，以横坐标表示压力 p，根据压缩试验的成果，可以绘制出孔隙比与压力的关系曲线，称压缩曲线。

压缩曲线的形状与土样的成分、结构、状态以及受力历史等有关。若压缩曲线较陡，说明压力增加时孔隙比减小得多，则土的压缩性高，若曲线是平缓的，则土的压缩性低。

（2）压缩系数：$e-p$ 曲线中某一压力范围的割线斜率称为压缩系数。

$$a = \tan\alpha = \frac{e_1 - e_2}{p_2 - p_1} \text{或} a = -\frac{\Delta e}{\Delta p} = \frac{e_i - e_{i+1}}{p_{i+1} - p_i} \tag{4-20}$$

此式为土的力学性质的基本定律之一，称为压缩定律。其比例系数称为压缩系数，用 a 表示，单位是 MPa^{-1}。

压缩系数是表示土的压缩性大小的主要指标。压缩系数大，表明在某压力变化范围内孔隙比减少得越多。

在工程实际中，规范常以 p_1=0.1 MPa，p_2=0.2 MPa 的压缩系数即 a_{1-2} 作为判断土的压缩性高低的标准。但当压缩曲线较平缓时，也常用加 p_1=100 kPa 和 p_3=300 kPa 之间的孔隙比减少量求得 a_{1-3}。

低压缩性土：$a_{1-2}<0.1\ MPa^{-1}$

中压缩性土：$0.1\leqslant a_{1-2}<0.5\ MPa^{-1}$

高压缩性土：$a_{1-2} \geqslant 0.5\ \mathrm{MPa}^{-1}$

（3）压缩指数（C_c）：将压缩曲线的横坐标用对数坐标表示。C_c=（e_1－e_2）/（$\lg p_2$－$\lg p_1$），因为 $e-\lg p$ 曲线在很大压力范围内为一直线，故 C_c 为一常数，故用 $e-\lg p$ 曲线可以分析研究 C_c，C_c 越大，土的压缩性越高。

当 C_c＜0.2 时，属于低压缩性土；当 C_c＞0.4 时，属于高压缩性土。

压缩系数和压缩指数关系：$C_c = \dfrac{a(p_2 - p_1)}{\lg p_2 - \lg p_1}$

$$a = \frac{C_c}{p_2 - p_1}\lg(p_2/p_1) \tag{4-21}$$

（4）压缩模量（E_s）：是指在侧限条件下受压时压应力δ_z与相应应变 q_z 之比值，即：

$$E_s=\delta_z/q_z\ (\mathrm{MPa}) \tag{4-22}$$

压缩模量与压缩系数的关系：E_s 越大，表明在同一压力范围内土的压缩变形越小，土的压缩性越低。

$$E_s=1+e_1/a \tag{4-23}$$

式中：e_1——相应于压力 p_1 时土的孔隙比；

a——相应于压力从 p_1 增至 p_2 时的压缩系数。

（二）土的抗剪性

1.土的剪切破坏的本质

土体的破坏通常都是剪切破坏。例如：土坡丧失稳定引起的路堤毁坏、路堑边坡的崩塌和滑坡等。

土是由固体颗粒组成的，土粒间的连续强度远远小于土粒本身的强度，故在外力作用下，土粒之间发生相对错动，引起土中的一部分相对于另一部分产生移动。

研究土的强度特征，就是研究土的抗剪强度特性，简称抗剪性。

土的抗剪强度η_f：指土体抵抗剪切破坏的极限能力，其数值等于剪切破坏时滑动面上的剪应力。

剪切面（剪切带）：土体剪切破坏是沿某一面发生与剪切方向一致的相

对位移，这个面通常称为剪切面。

土体在外力和自重压力作用下，土中各点在任意方向平面上都会产生法向应力ζ和剪应力η。当通过该点某一方向上的剪应力等于该点上所具有的抗剪强度η_f时，则该点不会破坏，处于稳定状态。

土的极限平衡条件：$\eta=\eta_f$。

无黏性土一般无联结，抗剪力主要是由颗粒间的摩擦力组成，这与粒度、密实度和含水情况有关。

黏性土颗粒间的联结比较复杂，联结强度起主要作用，黏性土的抗剪力主要与联结有关。

土的抗剪强度主要依靠室内试验和原位测试确定。试验中，仪器的种类和试验方法以及模拟土剪切破坏时的应力和工作条件好坏，对确定强度值有很大的影响。

2.土的抗剪强度和剪切定律

研究土的抗剪强度，通常借用直剪切试验方法。

将土样放在上、下部分可以错动的金属盒内，法向应力：$\sigma=P/A$。

在下盒从小到大逐渐施加水平力，当水平剪力增至T时，土样发生剪切破坏，此时的剪切应力$\tau=P/A$，即为土样在该法向应力下时的抗剪强度η_f。

抗剪强度是随着法向应力而改变，同一种土制备3个相同的土样，在ζ_1、ζ_2、ζ_3作用下，得不同η_f。以抗剪强度η_f为纵坐标，以法向压力为横坐标，可绘制该土样的η_f—ζ关系曲线。

试验结果表明［库仑定律（法国学者，1773）或剪切定律］：

无黏性土：$\tau_f=\sigma\cdot\tan\phi$

黏性土：$\tau_f=\sigma\cdot\tan\phi+c$

式中：τ_f——土的抗剪强度，MPa；

σ——剪切面的法向压力，MPa；

$\tan\phi$——土的内摩擦系数；

ϕ——土的内摩擦角，（°）；

c——土的内聚力，MPa。

库仑定律说明：①土的抗剪强度由土的内摩擦力和内聚力两部分组成；

②内摩擦力与剪切面上的法向压力成正比，其比值为土的内摩擦系数。

无黏性土的抗剪强度决定于与法向压力成正比的内摩擦力，而土的内摩擦系数主要取决于土粒表面的粗糙程度和土粒交错排列的情况。土粒表面越粗糙，棱角越多和密实度越大，则土的内摩擦系数越大。

黏性土的抗剪强度由内摩擦力和内聚力组成。土的内聚力主要由土粒间结合水形成的水胶联结或毛细水联结组成。黏性土的内摩擦力较小。

土的抗剪强度指标：土的内摩擦角 ϕ 和内聚力 c。

土的抗剪强度指标，还可使用三轴剪切试验测定。

三轴剪切试验是使试样在三向受力的情况下进行剪切破坏，测得图样破坏时的最大主应力σ和最小主应力σ_3，再根据莫尔强度理论求出土的抗剪强度指标 c、 ϕ值。

第二节　岩石的物理力学性质

岩石的力学性质是其在外部载荷作用下物理性质的延伸，通常表现为岩石抵抗变形和破坏的能力，如强度、硬度、弹性、脆性、塑性等。

一、强度

岩石强度是岩石在外载（静载或动载）作用下抵抗破坏的能力。岩石在载荷作用下变形到一定程度就会发生破坏。岩石在给定的变形方式（压、拉、弯、剪）下被破坏时的极限应力值称为岩石的（抗压、抗拉、抗弯、抗剪）强度极限。

岩石强度对钻进过程中碎岩效果和孔壁稳定性有显著影响。强度从总体上反映了破碎孔底岩石需要加在钻头上的载荷大小。目前还只能用室内试验的方法来测定岩石强度。

没有条件进行实测时，可以从自然因素和工艺因素两方面来定性分析岩石强度的大致范围。

（1）一般造岩矿物强度高其岩石的强度也高，但沉积岩的强度取决于胶结物所占的比例及其矿物成分。胶结物的比例愈大，则胶结物强度对岩石强度的影响愈大。细粒岩石的强度大于同一矿物组成的粗粒岩石。

（2）岩石的孔隙度增加，密度降低，其强度则降低，反之亦然。因此，一般岩石的强度随埋深的增大而增大。

（3）岩石的受载方式不同，岩石的强度值差异很大。不同受载方式下岩石强度相对值见表 4-2。岩石的抗压强度最大，而抗剪强度是抗压强度的 10%左右，抗拉强度则更小。因此，在钻进过程中应尽量使钻头以剪切和拉伸的方式来破碎岩石。理论分析和实验研究都证明，切削具压入岩石时其下方存在着剪应力最大的危险极值带，在回转切削具的后方岩面会出现许多张裂纹，这就为以剪切和拉伸方式破碎岩石创造了条件。

（4）多向应力状态下的岩石强度比简单应力状态下的强度高许多倍，但其变化趋势是一致的。在研究孔底岩石破碎过程和孔壁稳定时，都应该认为岩石处于多向应力状态下。

（5）加载速度的影响主要表现在两个方面：①外载作用速度的增加使岩石的应变速率增大，岩石的动强度永远大于静强度（达 10 倍左右）；②加载速度对塑性岩石强度的影响大于脆性岩石，但只有达到一定加载速度后才会显著影响岩石的强度。例如，一般牙轮钻头齿冲击岩石的速度不大于 5 m/s，这时岩石的强度并未出现本质性增大。

表 4-2　不同受载方式下岩石强度相对值

岩石	岩石强度相对值			
	抗压	抗拉	抗弯	抗剪
花岗岩	1	0.02～0.04	0.08	0.09
砂岩	1	0.02～0.05	0.06～0.20	0.10～0.12
石灰岩	1	0.04～0.10	0.08～0.10	0.15

1.静强度

所谓静强度是指在静载或在液压试验机上以很慢的速度加载时测得的岩石强度。岩石的单轴抗压强度极限按下式计算：

$$\sigma_c=P/F \tag{4-24}$$

式中：σ_c——单轴抗压强度极限，MPa；

P——岩石破坏瞬时的轴向载荷，N；

F——岩石试样的截面积，cm^2。

由于岩石为非均质物质，故其抗压强度极限应取多次重复试验的算术平均值：

$$\sigma_c = \frac{\sigma_{c1} + \sigma_{c2} + \mathrm{L} \ + \sigma_{cn}}{n} \tag{4-25}$$

式中：σ_{c1}，σ_{c2}，L ，σ_{cn}——岩样各次试验的抗压强度极限，MPa；

n——岩样试验的次数（对均质岩石，n=3；而非均质岩石，n=6）。

不同受载方式下常见岩石的强度极限值见表 4-3。在野外不能自行测量强度的条件下，也可以通过表 4-3 查询。

表 4-3　常见岩石的抗剪、抗压和抗拉强度极限

岩石	抗压强度极限（MPa）	抗剪强度极限（MPa）	抗拉强度极限（MPa）
大理岩	165.0	9.1	—
石灰岩	103.0～164.0	9.5～19.2	9.1
安山岩	98.6	9.6	5.8
石榴石矽卡岩	101.5	9.6	—
凝灰岩	115.6	11.0.	6.7
白云岩	162.0	11.8	6.9
变质花岗闪长岩	141.2	13.0	—
花岗闪长岩	233.6～265.9	21.1～22.2	—
细粒花岗岩	166.0	19.8	12.0
中粒花岗岩	259.2	22.0	14.3
正长岩	215.2	22.1	14.3
正长斑岩	225.0	29.6	14.3
闪长岩	239.0	24.0	—
闪长斑岩	324.0	30.2	—

续表

岩石	抗压强度极限（MPa）	抗剪强度极限（MPa）	抗拉强度极限（MPa）
辉长岩	230.0～340.6	24.4～37.5	13.5
矽卡岩	209.8	25.5	—
绿帘石-石榴石矽卡岩	276.2	30.5	—
角斑岩	228.5～374.0	26.8～37.3	13.8
钠长斑岩	172.8	28.2	11.9
石英岩	305.0	31.6	14.4
玄武岩	324.5	32.2	—
辉绿岩	343.0	34.7	13.4

2.动强度

动强度是指在动载或在液压试验机上快速加载时测得的岩石强度。

考虑到钻进过程中钻头经常是以动载（如冲击、冲击回转和牙轮钻头等）或微动载（钻杆柱的震动作用于硬质合金和金刚石钻头上）方式破碎岩石，所以岩石的动强度更能反映孔底岩石破碎的难易程度。在确定岩石可钻性的时候，必须考虑岩石的动强度指标和岩石的研磨性。

岩石的动强度是通过捣碎法在俄罗斯ПОК 强度仪上测定。首先用小锤把待测岩样打碎成直径 1.5～2.0 cm 的小块；从打碎的岩样小块中选出 5 块样品，体积 15～20 cm^3。测试时，把每个岩样放进管形钢筒内［图 4-1（a）］，并让 2.4 kg 的重锤从 0.6 m 高落下冲击它 10 次。捣碎后，把全部 5 份样品倒在孔径 0.5 mm 的筛网上过筛。把筛出的岩粉颗粒装入体积测量筒内［图 4-1（b）］，然后往测量筒内插入刻度柱塞。由于柱塞从上至下刻有 0～140 mm 的刻度，所以可以读出测量筒内岩粉柱的高度值 l。岩石的动强度指标按下式确定：

$$F_d=200/l \tag{4-26}$$

式中：F_d——岩石的动强度指标；

l——被捣碎岩粉颗粒在测量筒内的高度，mm。

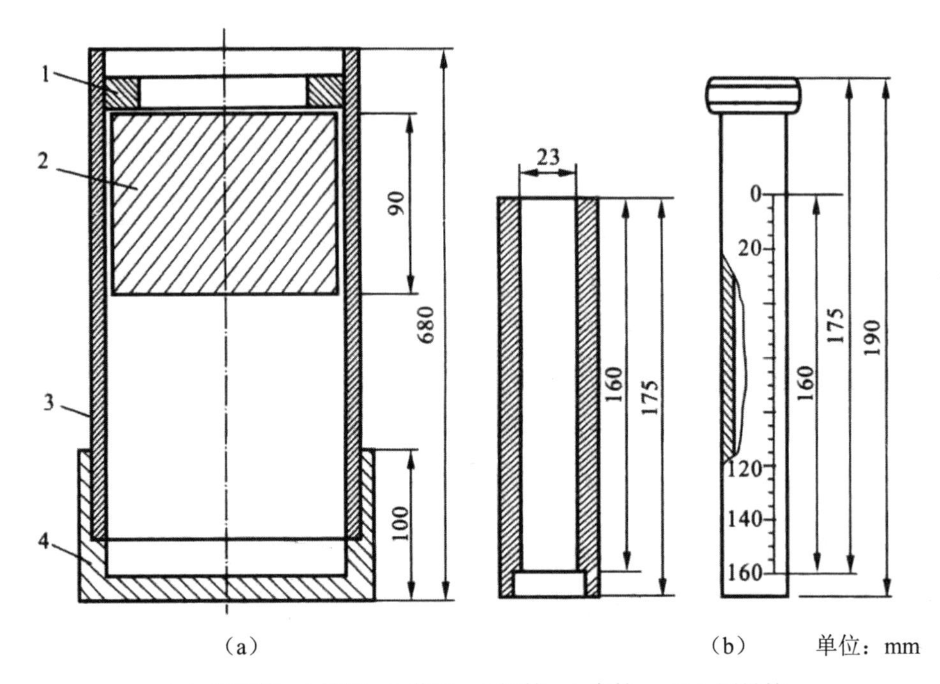

（a）落锤筒：1-挡圈；2-落锤；3-铜筒；4-套筒。（b）测量筒

图 4-1　用于捣碎法确定岩石动强度的仪器

对于同一种岩石用这种方法得出的动强度指标结果比较稳定。根据动强度指标可把岩石分成 6 级（表 4-4）。

表 4-4　岩石的动强度指标分级表

指标	岩石的动强度指标分级					
	Ⅰ	Ⅱ	Ⅲ	Ⅳ	Ⅴ	Ⅵ
动强度指标 F_d	≤8	8～16	16～24	24～32	32～40	≥40
动强度评价	弱	中弱	中	中强	强	极强

注：岩石的动强度指标与岩石的单轴抗压强度和压入硬度变化趋势大致相同。

二、硬度

岩石的硬度反映岩石抵抗外部更硬物体（切削具、压模）压入（侵入）其表面的能力。

硬度与抗压强度有联系，但又有很大区别。抗压强度是固体抵抗整体破坏时的阻力，而硬度则是固体表面对另一物体局部压入或侵入时的阻力。因此，硬度指标更接近于钻进过程的实际情况。

与岩石的强度一样，目前还只能用室内试验的方法来测量岩石硬度。而国内外钻探（井）界岩石硬度的测量方法及硬度指标的形式并未统一，其多样性来源于岩石物理力学性质的多样性，同时也是为了与钻进方法的多样性相适应。

没有条件进行实测时，可以从自然因素和工艺因素两方面来定性分析岩石硬度的大致范围。

（1）岩石中石英及其他坚硬矿物或碎屑含量越多，胶结物的硬度越大，岩石的颗粒越细，结构越致密，则岩石的硬度越大。而孔隙度高，密度低，裂隙发育的岩石硬度将降低。

（2）岩石的硬度具有明显的各向异性，但层理对岩石硬度的影响正好与强度相反。垂直于层理方向的硬度值最小，平行于层理的硬度最大，两者之间可相差 1.05～1.8 倍。岩石硬度的各向异性可以很好地解释钻孔弯曲的原因和规律，并可利用这一现象来实施定向钻进。

（3）在各向压缩条件下，岩石的硬度将增大。在常压下硬度越低的岩石，随围压增大其硬度增长越快。

（4）一般随着加载速度的增加，将导致岩石的塑性系数降低，硬度增加。但当冲击速度小于 10 m/s 时，硬度变化不大。

单一矿物的硬度如表 4-5 所示。其中，莫氏分级法选择 10 种矿物作为硬度标准，后一种矿物可以刻画前一种矿物。但莫氏分级法不是线性标度，克氏分级法则具有更好的硬度可比性。按照这种方法，金刚石硬度为刚玉硬度的 4 倍以上，硬质合金的 3 倍以上。

表 4-5　不同矿物和材料的莫氏硬度和克氏硬度对比表

矿物（材料）名称	岩石硬度	
	莫氏硬度	克氏硬度
滑石	1	12
石膏	2	32
石灰石	3	135
萤石	4	160
磷灰石	5	400
玻璃	6	500
石英	7	1250
黄玉	8	1550
刚玉	9	1900
碳化钨	9.5	2800
金刚石	10	8300

1.压入硬度

国际上普遍采用如图 4-2、图 4-3 所示的装置来测定岩石的硬度值（通常称为压入硬度）。它特别适于模拟牙轮钻头齿和硬质合金钻头切削具压入岩石的状态，反映了压头底面积增大时所需压入力的增长情况。对于研磨性不大，硬度在 2500～3000 MPa 以下的岩石用钢质圆柱形压头；研磨性大，硬度在 2500～3000 MPa 以上的岩石，应采用硬质合金圆柱形压头。如果岩石硬度大于 4000～5000 MPa，则采用截头圆锥形压头。常用的压头底面积为 1～5 mm^2，其中，1～2 mm^2 的用于致密均质岩石；3 mm^2 的用于颗粒大于 0.25 mm，硬度又不是很高的岩石；5 mm^2 的用于低强度.多孔隙的岩石。压入硬度的数值就是作用于压模单位面积上的破碎力：

$$H_y=P_{max}/S \tag{4-27}$$

式中：H_y——岩石的压入硬度，MPa；

P_{max}——在压入作用下岩样产生局部脆性破碎时的轴载荷，N；

S——压头底面积，mm^2。

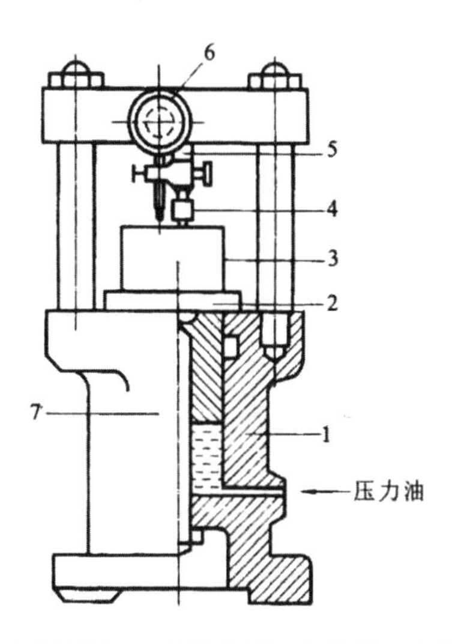

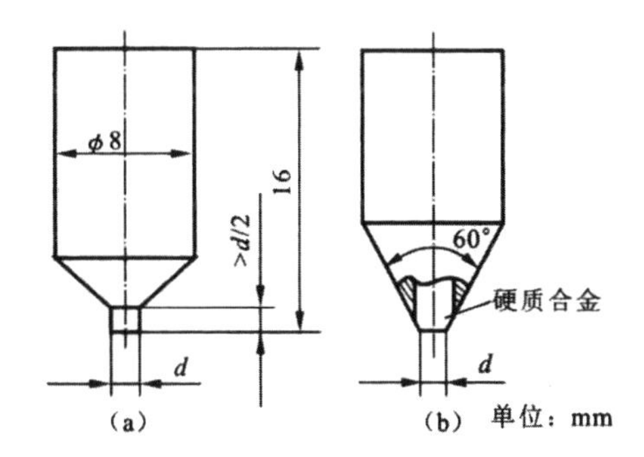

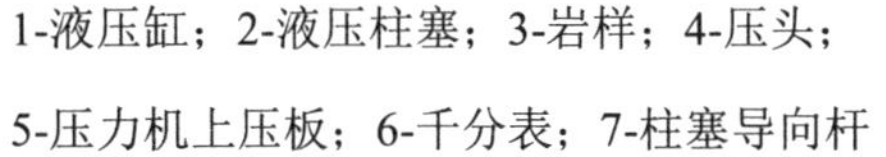
1-液压缸；2-液压柱塞；3-岩样；4-压头；
5-压力机上压板；6-千分表；7-柱塞导向杆

图 4-2　测试压入岩石硬度的装置

（a）钢质或硬质合金圆柱形压头；
（b）截头圆锥形压头

图 4-3　平底圆柱压头

岩石的整体硬度与其构成矿物的硬度是有差别的。岩石的整体硬度主要影响钻进速度，而钻头工作寿命则主要取决于其矿物的硬度。例如，弱胶结砂岩不是坚硬岩石，比较容易被钻头破碎，然而它的主要造岩矿物——石英颗粒却具有很高的硬度，容易使钻头很快被磨钝而失效。因此，在测量岩石硬度的过程中，应在岩样表面均布测试点，注意区分造岩矿物颗粒的硬度和岩石的组合硬度。

通常岩石的压入硬度 H_y 大于其单轴抗压强度 σ_c，这可解释为在压力作用下，岩石某一点上处于各向受压的应力状态。

如果采用自动记录式岩石硬度仪，则可在记录纸上画出应变曲线。根据曲线图既可确定硬度，又可得到岩石流动极限 δ_T τ，塑性系数 K_s，弹性模量 E 和破碎比功 A_s 的数值（表 4-6）。这些参数是判断岩石的弹性、塑性，确定岩石可钻性的重要依据。

2.摆球硬度

我国研制的摆球硬度计（图 4-4）观测的是通过能量转换方式实现的摆球回弹现象，以回弹次数来确定岩石的硬度（通常称为摆球硬度）。试验用岩样一般为圆柱形岩心，直径大于 40mm，长度大于 65 mm，两端切平，端面与岩心轴线垂直，受试面还必须抛光。

表 4-6 某些岩石的压入硬度、流动极限、塑性系数、弹性模量和破碎比功

岩石	压入硬度 H_y（MPa）	流动极限 δ_T（MPa）	塑性系数 K_s	弹性模量 E（MPa）	破碎比功 A_s[×10^5/（J·m^{-2}）]
石膏	250～400	150～350	1.8～3.7	6000～14000	0.2～0.5
板岩和泥质页岩	200～750	150～400	1.3～3.3	5000～9000	0.3～0.4
碳酸盐胶结的粉砂岩	700～900	400～500	2.2～3.3	4000～12000	0.8～1.3
大理岩	950～1300	650～700	2.2～3.0	35000	1.3
硬石膏	1050～1400	400～950	2.1～4.3.	18000～54000	0.5～1.2
致密的石灰岩	1100～2000	500～1100	1.7～2.8	20000～50000	0.7～2.8
碳酸盐胶结的中粒砂岩	1700～3000	1400～2100	1.7～2.8	18000～25000	2.2～2.8.
致密的白云岩	2500～3200	1500～2200	2.5～4.5	50000～80000	1.7～3.4
花岗岩	3000～3700	2200～3000	1.4～1.9	41000～50000	2
玄武岩	3900	1400	4.2	33000	16.9
石英闪长岩	4100	3400	1.4	45000	2.5
正长岩	5700	4800	2.2	88000	14.6
辉绿岩	6300	5000	1.5	10000	5.1
石英岩	5800～6300	—	1.0	69000～73000	4～6
角岩	8000	5800	2.5	100000	8.5
碧玉铁质岩	8100	—	1.0	100000	3.6

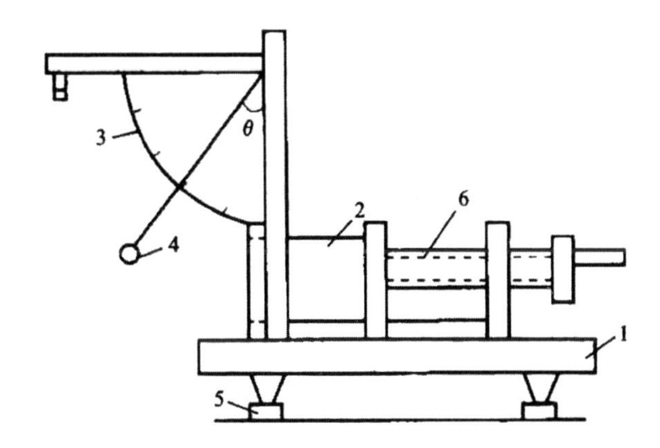

1-底盘；2-岩样；3-刻度盘；4-摆球；5-水平调节螺丝；6-岩样固定器螺杆

图 4-4　摆球硬度计

3.按岩石硬度分级法

根据压入硬度可把岩石分为 4 类 12 级（表 4-7）。

表 4-7　岩石按压入硬度的分级表

岩石类别	软			中硬			硬			坚硬		
岩石级别	Ⅰ	Ⅱ	Ⅲ	Ⅳ	Ⅴ	Ⅵ	Ⅶ	Ⅷ	Ⅸ	Ⅹ	Ⅺ	Ⅻ
压入硬度（MPa）	≤100	100～250	250～500	500～1000	1000～1500	1500～2000	2000～3000	3000～4000	4000～5000	5000～6000	6000～7000	＞7000

根据摆球回弹次数可把岩石分为 12 级（表 4-8），由于第Ⅰ级岩石太软，无法测出摆球回弹次数，故表 4-8 从Ⅱ级岩石开始。

表 4-8　岩石按摆球回弹次数的分级表

岩石类别	Ⅱ	Ⅲ	Ⅳ	Ⅴ	Ⅵ	Ⅶ	Ⅷ	Ⅸ	Ⅹ	Ⅺ	Ⅻ
摆球回弹次数	≤14	15～29	30～44	45～54	55～64	65～74	75～84	85～94	95～104	105～125	＞125

三、弹性、脆性、韧性和塑性

（一）变形特征及其分类

做压入试验时，记录下载荷 P 与侵入深度δ的相关曲线，按岩石在压头压入时的变形曲线和破碎特性（图 4-5）可把岩石分成以下 3 类。

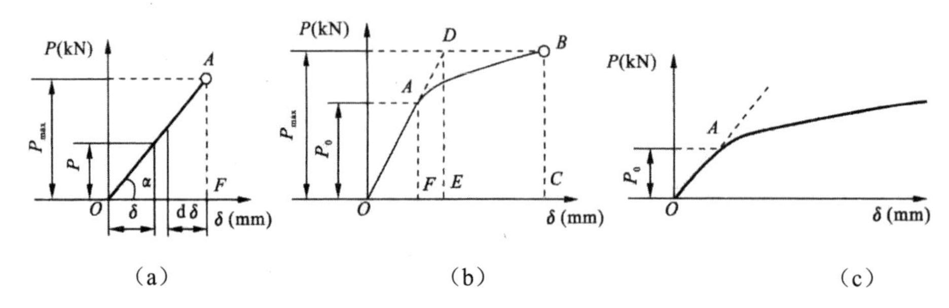

（a）　　　　（b）　　　　（c）

（a）弹-脆性岩石（石英岩）；（b）弹-塑性岩石（大理岩）；（c）高塑性岩石（盐岩）

P-压头载荷；P_0-从弹性变形过渡到塑性变形载荷；P_{max}-岩石产生脆性破碎载荷；

δ-岩石产生弹性变形的侵深；α-变形角

图 4-5　压头压入条件下的岩石变形曲线图

1.弹-脆性岩石

弹-脆性岩石（花岗岩、石英岩、碧石铁质岩）在压头压入时仅产生弹性变形，至 A 点最大载荷 P_{max} 处便突然完成脆性破碎，压头瞬时压入，破碎穴的深度为 h［图 4-5（a）、图 4-6（a）］。这时破碎穴的面积明显大于压头的端面面积，且 $h/\delta>5$。

2.弹-塑性岩石

弹-塑性岩石（大理岩、石灰岩、砂岩）在压头压入时首先产生弹性变形，然后塑性变形。至 B 点载荷达 P_{max} 时才突然发生脆性破碎［图 4-5（b）、图 4-6（b）］。这时破碎穴面积也大于压头的端面面积，而 $h/\delta=2.5\sim5$，即小于第一类岩石。

3.高塑性和高孔隙性岩石

高塑性（黏土、盐岩）和高孔隙性岩石（泡沫岩、孔隙石灰岩）区别于前两类，当压头压入时，在压头周围几乎不形成圆锥形破碎穴，也不会在压入作用下产生脆性破碎［图 4-5（c）、图 4-6（c）］，$h/\delta=1$。因此，测试该类岩石硬度时，用 P_0 代替 P_{max} 采用公式（4-27）进行计算。

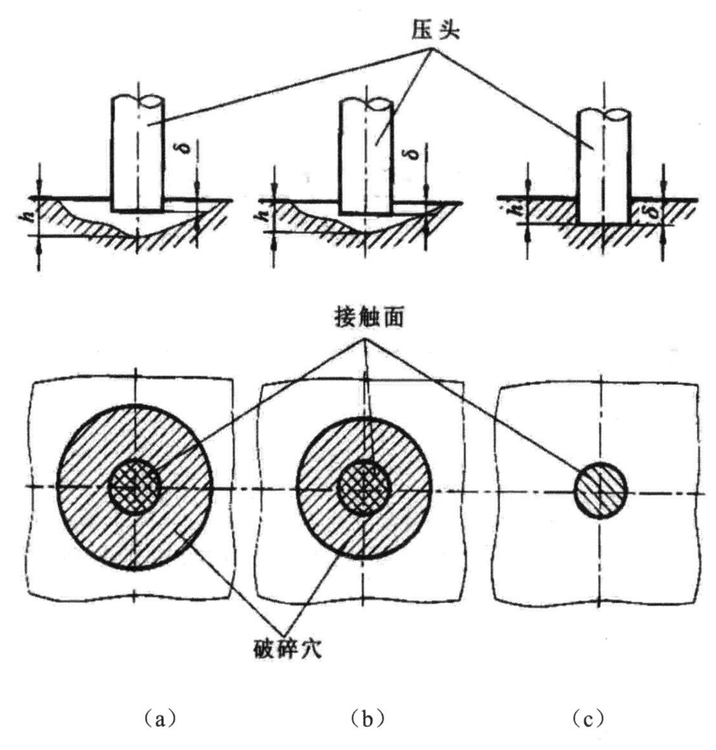

（a）　　（b）　　（c）

（a）弹-脆性岩石；（b）弹-塑性岩石；（e）高塑性高孔隙度的岩石

δ—岩石中的最大变形；h—岩石破碎穴深度

图 4-6　岩石表面的压入与破碎穴

（二）弹塑性基本概念

弹性——岩石在外力作用下产生变形，撤销外力之后恢复到初始形状和体积的能力。

脆性——岩石在外力作用下，未发生明显的塑性变形就被破碎的能力。

韧性——岩石在外力作用下产生微裂纹后，抵抗裂纹扩展的能力，常用断裂韧性来表征。它是判别工程岩体断裂稳定性的主要指标，与岩石硬度、单轴抗拉强度、单轴抗压强度及弹性模量之间有着较好的相关性。

塑性——岩石在外力作用下（通常是各面压缩），在未破坏其连续性的前提下不可逆地改变自身形状和体积的能力。

岩石在弹性变形阶段服从虎克定律。虽然岩石（尤其是沉积岩）并非理想的弹性体，但用压入试验测出的弹性模量 E 仍可满足工程需要。弹性模量的表达式为：

$$E=\sigma/\varepsilon \tag{4-28}$$

式中：E——岩石的弹性模量，MPa；

σ——屈服强度极限，MPa；

ε——屈服时的应变。

影响岩石弹性和塑性的主要因素有：

（1）岩浆岩和变质岩中造岩矿物的弹性模量越高，岩石的弹性模量也高。在碎屑颗粒成分相同的条件下，沉积岩弹性模量的次序是：硅质胶结者最大，钙质胶结者次之，泥质胶结者最小。

（2）单向压缩时岩石往往表现为弹-脆性体，但各向压缩时则表现出不同程度的塑性，破坏前都产生一定的塑性变形。这意味着在各向压缩下需要更大的载荷才能破坏岩石的连续性。

（3）温度升高使岩石的弹性模量变小，塑性系数增大，岩石表现为从脆性向塑性转化。在超深钻和地热孔施工中应注意这一影响。

人们用岩石的塑性系数来定量表征岩石的塑性及脆性大小，塑性系数为岩石破碎前耗费的总功与岩石破碎前的弹性破碎功之比：

$$K_{\mathrm{P}}=\frac{A_{\mathrm{F}}}{A_{\mathrm{E}}}=\frac{OABC\text{面积}}{ODE\text{面积}} \tag{4-29}$$

式中：K_{P}——岩石塑性系数；

A_{F}——岩石破碎前耗费的总功；

A_{E}——弹性破碎功。

在图 4-5（a）中，对于弹-脆性岩石，岩石破碎前耗费的总功 A_{F} 与弹性破碎功 A_{E} 相等，$K_{\mathrm{P}}=1$；对于高塑性岩石，$K_{\mathrm{P}}\to\infty$；对于弹-塑性岩石［图 4-5（b）］，$K_{\mathrm{P}}>1$。

（三）弹塑性分级

模拟实验与野外生产实践表明，钻进高弹-塑性岩石比钻弹-脆性岩石要慢。在钻探工艺中岩石的塑性和脆性指标对于切削型和压碎型破岩工具而言，更具有针对性。

按塑性系数的大小可把岩石分为3类6级，见表4-9。

表4-9　岩石按塑性系数的分级

岩石类别	弹-脆性	弹-塑性				高塑性
		低塑性-高塑性				
级别	1	2	3	4	5	6
塑性系数 K_P	1	1～2	2～3	3～4	4～5	6～∞

四、研磨性

用机械方法破碎岩石的过程中，工具本身也受到岩石的磨损而逐渐变钝，直至损坏。岩石磨损工具的能力称为岩石的研磨性。

对于机械回转钻进而言，除岩石的强度、硬度和变形特征之外，岩石的研磨性指标也是不可忽略的重要因素。岩石的研磨性决定碎岩工具的效率和寿命，对钻进规程参数选择、钻头设计及使用具有重大影响。

在钻进过程中存在着两种类型的磨损：①破岩过程中的摩擦磨损，将使钻头切削具变钝，减小钻头的内外径，从而缩短钻头工作寿命。它与所钻岩石的研磨性、钻头切削具的耐磨性及钻进规程参数有关。②磨粒磨损，它与从孔底分离出来的岩屑硬度和研磨性、孔底区域内岩屑的数量有关，即取决于钻进速度、冲洗液吹洗孔底的程度。在孕镶金刚石钻进中这种磨损形式是把双刃剑，如果岩粉量合适，能起到超前磨蚀钻头胎体帮助金刚石出刃，提高机械钻速的作用；但孔底岩粉量过多又可能导致钻头的非正常磨损，甚至导致事故的发生。

岩石的研磨性不是与矿物成分对应的单值性指标，必须在具体条件下通过实测才能获得数据。没有测试条件时，可以通过分析自然因素和工艺因素的影响来定性确定岩石的研磨性。

（1）岩石颗粒的硬度越大，岩石的研磨性也越强，富含石英的岩石具有强研磨性。

（2）岩石颗粒形状越尖锐，颗粒尺寸越大，胶结物的黏结强度越低，岩石的研磨性越强。

（3）硬度相同时，单矿物岩石的研磨性较低，非均质和多矿物的岩石（如花岗岩）研磨性较强。因为这类岩石中较软的矿物（云母、长石）首先被破碎下来，使岩石表面变得粗糙，同时石英颗粒出露，而增强了研磨能力。

（4）介质会改变岩石的研磨性，湿润和含水的岩石研磨性降低。

（5）岩石的研磨性还与钻头的耐磨性、移动速度、岩屑能否完全排出等孔底过程有密切关系。如果钻压不大转速很高，或者钻压很大转速很低，都可能增大磨损量。所以，要从岩石的研磨性出发选择钻头切削具材料、确定钻进规程和冲洗规程，以保证钻头的均衡磨损。

第三节　岩石可钻性及其分级

在钻探工程设计与实践中，人们常常希望能事先知道所施工岩石的钻进难易程度，以便正确选择钻进方法、钻头结构及工艺规程参数，制定出切合实际的钻探生产定额。因此，提出了“岩石可钻性”这个概念。岩石的可钻性及坚固性指标，在实际应用中占有重要地位。

一、可钻性

岩石的可钻性反映在一定钻进方法下岩石抵抗被钻头破碎的能力。它不仅取决于岩石自身的物理力学性质，还与钻进的工艺技术措施有关，所以它是岩石在钻进过程中显示出来的综合性指标。

由于可钻性与许多因素有关，要找出它与诸影响因素之间的定量关系十分困难，目前国内外仍采用试验的方法来确定岩石可钻性。不同部门使用的钻进方法不同，其测定可钻性的试验手段，甚至可钻性指标的量纲也不尽相同。其目的都在于使每种岩石可钻性测试方法能对应一种或几种岩石破碎工具及其钻进方法。例如，在回转钻进中以单位时间的钻头进尺（机械钻速 V_m）作为衡量岩石可钻性的指标（分成 12 个级别），以方便用于制定钻探生产定额。在冲击钻进中常采用单位体积破碎功 A_s。来进行可钻性分级，更贴近冲击碎岩的机理。

国内外对岩石可钻性进行分级时，都是把越难钻进的岩石列入越高的级别。也就是说，级别越高，岩石的“可钻性”越差，岩石可钻性级别的大小与钻进速度的大小是相反的。

二、可钻性分级

（一）力学性质指标分级

1.按照单一的岩石力学性质分级法

按岩石的压入硬度把岩石分成 4 类 12 级（表 4-7），按摆球的回弹次数把岩石分成 12 级（表 4-8）。但是，由于单一的岩石力学性质指标难以反映孔底岩石破碎过程的实质，所以经常出现用上述两种方法确定的可钻性级别不一致的情况，这时可按回归方程式（4-30）来确定岩石的可钻性 K_d 值。

$$K_d=3.198+8.854\times10^{-4}H_y+2.578\times10^{-2}H_N \qquad (4\text{-}30)$$

式中：K_d——岩石可钻性值；

H_y——岩石的压入硬度，MPa；

H_N——摆球的回弹次数。

例如，某种岩石用压入硬度计测得 H_y=1800 MPa，查表 4-7 为可钻性Ⅵ级；而用摆球硬度计测得 H_N=76 次，查表 4-8 为可钻性级。同一种岩石相差两级，不便作为确定生产定额和选择钻进方法的依据。这时可把 H_y=1800 MPa 和 H_N=76 代入式（4-30），算得 K_d=6.8，则这种岩石的可钻性级别可定为 6.8 级。

2.按照岩石的联合力学指标分级法

为解决按单一岩石力学指标分级准确度不高的问题，苏联提出并推广了按岩石联合力学指标进行可钻性分级的方法。岩石联合力学指标是其动强度指标 F_d（1/mm）和研磨性系数 K_a（mg）的函数，它反映了强度和研磨性共同对岩石破碎效果的影响。

联合指标ρ_m的计算公式如下：

$$\rho_m = 3F_d^{0.8}K_a \tag{4-31}$$

式中：ρ_m——岩石联合力学指标，mg/mm。

根据联合指标 ρ_m 确定的岩石可钻性分级参见表 4-10。

表 4-10 按联合指标确定的回转钻进条件下岩石可钻性分级表

岩石特征	岩石可钻性等级	联合指标 ρ_m 值	岩石特征	岩石可钻性等级	联合指标 ρ_m 值
软、疏松	Ⅰ～Ⅱ	1.0～2.0	硬—坚硬	Ⅷ	15.2～22.7
	Ⅲ	2.0～3.0		Ⅸ	22.8～34.1
中软—中硬	Ⅳ	3.1～4.5		Ⅹ	34.2～51.2
	Ⅴ	4.6～6.7	极硬	Ⅺ	51.3～76.8
中硬—硬	Ⅵ	6.8～10.1		Ⅻ	76.9～115.2
	Ⅶ	10.2～15.1			

（二）实际钻进速度分级

在规定的设备工具和技术规范条件下进行实际钻进，以所得的纯钻进速度 V_m 作为岩石可钻性级别，其量纲为 m/h。这种方法的缺点是，随着钻探技术与工艺水平的不断提高，必须定期校验作为分级依据的基础数据；当使用的钻头类型和钻进规程变化时，会出现机械钻速与表格中数据差别较大的现象。也就是说，机械钻速只是反映某个阶段可钻性大小的相对指标。

2010 年 11 月 11 日发布的中华人民共和国地质矿产行业标准《地质岩心钻探规程》（DZ/T 0227—2010）中给出的岩石可钻性分级见表 4-11。

表 4-11　我国地质矿产行业标准（DZ/T 0227—2010）岩石可钻性分级表

岩石级别	钻进时效/（m·h^{-1}）		代表性岩石举例
	金刚石	硬合金	
Ⅰ～Ⅳ		＞3.90	粉砂质泥岩，碳质页岩，粉砂岩，中粒砂岩，透闪岩，煌斑岩
Ⅴ	2.90～3.60	2.50	硅化粉砂岩，碳质硅页岩，滑石透闪岩，橄榄大理岩，白色大理岩，石英闪长玢岩，黑色片岩，透辉石大理岩，大理岩
Ⅵ	2.30～3.10	2.00	角闪斜长片麻岩，白云斜长片麻岩，石英白云石大理岩，黑云母大理岩，白云岩，蚀变角闪闪长岩，角闪变粒岩，角闪岩，黑云母石英片岩，角岩，透辉石榴石矽卡岩，黑云白云母大理岩
Ⅶ	1.90～2.60	1.40	白云斜长片麻岩，石英白云石大理岩，透辉石化闪长玢岩，混合岩化浅粒岩，黑云角闪斜长岩，透辉石岩，白云母大理岩，蚀变石英闪长玢岩，黑云角闪石英片岩
Ⅷ	1.50～2.10		花岗岩，矽卡岩化闪长玢岩，石榴石矽卡岩，石英闪长玢岩，石英角闪岩，黑云母斜长角闪岩，伟晶岩，黑云母花岗岩，闪长岩，斜长角闪岩，混合片麻岩，凝灰岩，混合岩化浅粒岩
Ⅸ	1.10～1.70		混合岩化浅粒岩，花岗岩，斜长角闪岩，混合闪长岩，钾长伟晶岩，橄榄岩，混合岩，闪长玢岩，石英闪长玢岩，似斑状花岗岩，斑状花岗闪长岩
Ⅹ	0.80～1.20		硅化大理岩，矽卡岩，混合斜长片麻岩，钠长斑岩，钾长伟晶岩，斜长角闪岩，安山质熔岩，混合岩化角闪岩，斜长岩，花岗岩，石英岩，硅质凝灰砂砾岩，英安质角砾熔岩
Ⅺ	0.50～0.90		凝灰岩，熔凝灰岩，石英岩，英安岩
Ⅻ	＜0.60		石英岩，硅质岩，熔凝灰岩

（三）微钻法分级

采用微型孕镶金刚石钻头，按一定的规程，在大口径岩心.上进行模拟钻进试验。在中国自然资源部颁布的规范中，以微钻平均钻速作为岩石可钻性指标，其分级见表 4-12。

表 4-12　按微钻的平均钻速对岩石可钻性分级表

岩石级别	Ⅲ	Ⅳ	Ⅴ	Ⅵ	Ⅶ	Ⅷ	Ⅸ	Ⅹ	Ⅺ	Ⅻ
微钻钻速（mm/min）	216～259	135～215	85～134	53～84	34～52	21～33	14～20	9～13	6～8	≤5

（四）破碎比功法分级

用圆柱形压头作压入试验时，可通过压力与侵深曲线图求出破碎功，然后计算出单位接触面积上的破碎比功 A_s，根据破碎比功法对岩石可钻性分级见表 4-13。

表 4-13　破碎比功法岩石可钻性分级表

岩石级别	Ⅰ	Ⅱ	Ⅲ	Ⅳ	Ⅴ	Ⅵ	Ⅶ	Ⅷ	Ⅸ	Ⅹ
破碎比功 A_s [N·(m·cm^{-2})]	≤2.5	2.5～5.0	5.0～10	10～15	15～20	20～30	30～50	50～80	80～120	≥120

第四节　岩石在外载作用下的破碎机理

目前在钻探生产中广泛使用的钻进碎岩方法是采用机械方式破碎岩石。这种方式就是利用碎岩工具形成外部集中载荷，使岩石产生局部破碎。岩石破碎的效果与碎岩工具的形状、外加载荷的大小、作用的速度以及岩石本身的物理性质和力学性质等有密切的关系。

为了更好地提高生产效率，保证生产质量，降低钻探成本，必须了解岩石的破碎机理和岩石的破碎过程。

一、碎岩工具与岩石作用的主要方式

根据刃具同岩石作用的方式和碎岩机理，可把碎岩刃具分为：切削-剪切型，冲击型、冲击-剪切型3类。

切削-剪切型刃具同岩石作用的方式如图4-7（a）所示。钻头碎岩刃具以速度v_θ向前移动而切削（剪切）岩石。工作参数是：移动速度v_θ，轴向力P_z和切向力P_θ，以及介质性质。这是第一种方式破碎岩石的基本特征。

冲击型刃具给孔底岩石以直接的冲击［图4-7（b）］。动载碎岩的过程可用工具动能T_k和岩石变形位能U的方程式来表达，即：

$$T_k = \frac{1}{2}mv_\theta^2 \tag{4-32}$$

$$U = \int_0^{\delta_{\max}} P_z(\delta)\,\mathrm{d}\delta \tag{4-33}$$

式中：m——钻头和冲击钻杆的质量，kg；

v_θ——钻头同岩石碰撞时的速度，m/s；

$\delta_{\max}$——钻头侵入岩石的最大深度，m；

$P_z(\delta)$——岩石抵抗钻头侵入的阻力，N。

$T_k=U$是分析工具对岩石发生凿碎作用的基本条件。

冲击-剪切型刃具的作用方式复杂一些［图4-7（c），（d）］。同岩石相作用的钻头刃具，不仅以P_z和P_θ力作用于岩石，而且还有使钻头向前回转的移动速度v_θ和冲锤对齿刃的冲击速度v_z。或牙轮滚动时齿刃向下冲击的速度v_ω对岩石的作用。齿刃对岩石作用的合成速度是：

$$v_y=v_\theta+v_z \tag{4-34}$$

或

$$v_y=v_\theta+v_\omega \tag{4-35}$$

此外，

$$v_z = \sqrt{\frac{2A_0 g}{Q}}\ ;\quad v_\omega=r_\omega \tag{4-36}$$

式中：A_0——冲锤单次冲击功，J；

g——重力加速度，m/s^2；

Q——冲锤重量，kg；

ω——钻头牙轮回转角速度，rad/s；

r——齿顶到牙轮瞬时旋转中心的距离，m。

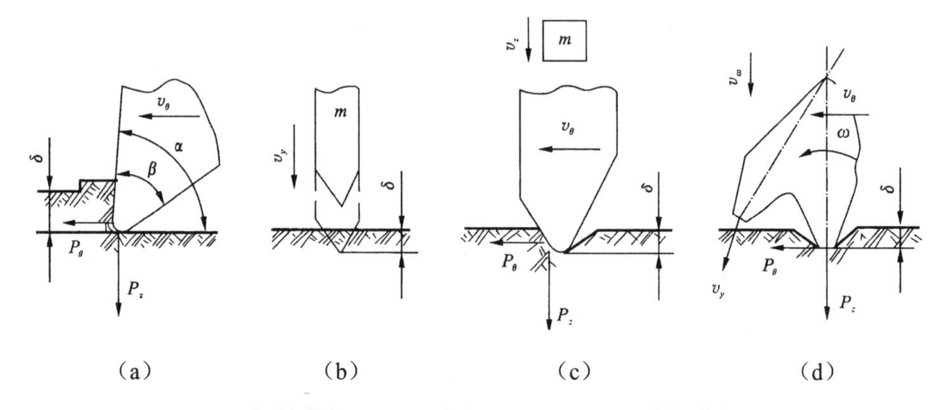

（a）切削-剪切；（b）冲击；（c）、（d）冲击-剪切

图 4-7　钻头碎岩刃具同岩石作用方式

二、外载作用下的岩石应力状态

岩石在切削具切入、破碎之前，先产生弹性应力状态。钻头.上的切削具按其与孔底岩石接触而使岩石产生破碎的作用来说，可以看成是圆柱体、球形体、长方形平底压模与弹性半无限体所限制的平面的相互作用。因此讨论不同形状切削具在外载作用下的岩石应力状态是非常必要的。

（一）集中载荷作用在弹性半无限体上的示意图（布西涅司克问题）

图 4-8 是集中载荷 P 对弹性半无限体作用的示意图。假设弹性体占 XOY 平面以下的整个空间 $Z>0$（Z 轴正方向指向固体内部）。P 力垂直作用于 O 点上。由坐标原点到某点 A 所作的矢径 OA 与 Z 轴的夹角为 φ，则在 3 个轴上的正应力分别为：

$$\begin{cases} \sigma_z = \dfrac{3}{2}\dfrac{P}{\pi r^2}\cos^3\varphi \\ \sigma_y = \dfrac{1}{2}\dfrac{P}{\pi r^2}\left[(1-2\mu)\dfrac{1}{1+\cos\varphi} - 3\cos\varphi\sin^2\varphi\right] \\ \sigma_x = \dfrac{1}{2}\dfrac{P}{\pi r^2}(1-2\mu)\left(\cos\varphi - \dfrac{1}{1+\cos\varphi}\right) \end{cases} \tag{4-37}$$

集中载荷可以用无限小面积内均匀分布的载荷来代表，于是可以找出后一种情况下外载作用点上的应力分布情况。

在对称轴上，当φ=0 时，即：

$$\begin{cases} \sigma_z = \dfrac{3}{2}\dfrac{P}{\pi r^2} \\ \sigma_y = \sigma_x = \dfrac{1}{4}\dfrac{P}{\pi r^2}(1-2\mu) \end{cases} \tag{4-38}$$

对称轴上的正应力都是压应力，故弹性体处于各向压缩条件下。

如果假设集中载荷 P 均匀分布在弹性体表面半径为 a 的圆内，且强度为 $p=P$（πa^2），则对称轴上任何一点的正应力σ_z。皆可用 a/z 的函数来表示，即：

$$\sigma_z = P\left\{1-\left[\frac{1}{1+\left(\dfrac{a}{z}\right)^2}\right]^{3/2}\right\} \tag{4-39}$$

式中：z——讨论点距物体表面的距离，即讨论点的 Z 坐标。

当 z=0 时，$\sigma_z=P$；当 $z=\infty$时，$\sigma_z=0$。正应力σ_z沿 Z 轴的分布曲线见图 4-9。

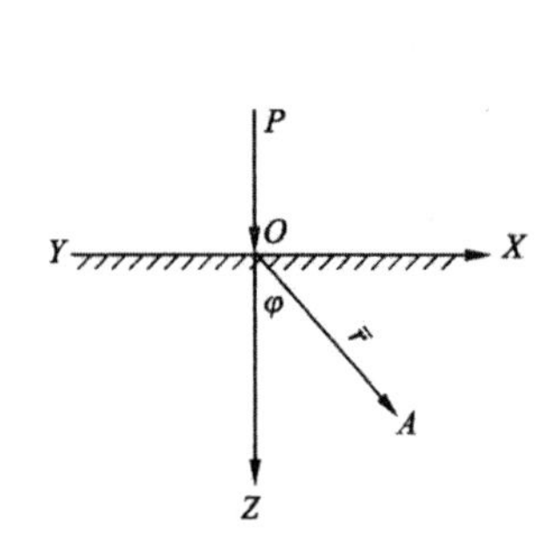

图 4-8　集中荷载作用在弹性半无限体上的应力状态

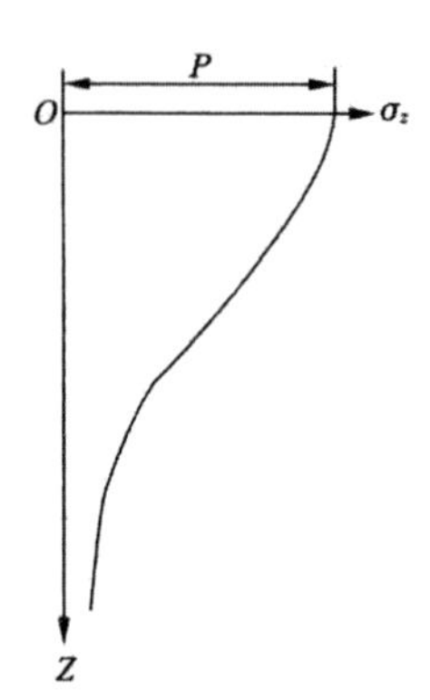

图 4-9　应力σ_z在对称轴上的变化曲线

（二）平底圆柱形压头压入时岩石的应力状态

研究表明，在弹性变形的情况下，平底圆柱形压头（图 4-10）以作用力 P 沿 Z 轴压入弹性半无限体时，受压体接触面上的压力分布不是常数，而是 r 的函数，即：

$$p(r) = -\frac{P}{2\pi a\sqrt{a^2 - r^2}} \tag{4-40}$$

式中：P——压头上的垂直载荷，N；

a——压头的半径，m；

r——离对称轴的距离，m。

当 r=0 时，$p=-P/2\pi a^2$；$r=a$ 时，$p=\infty$。

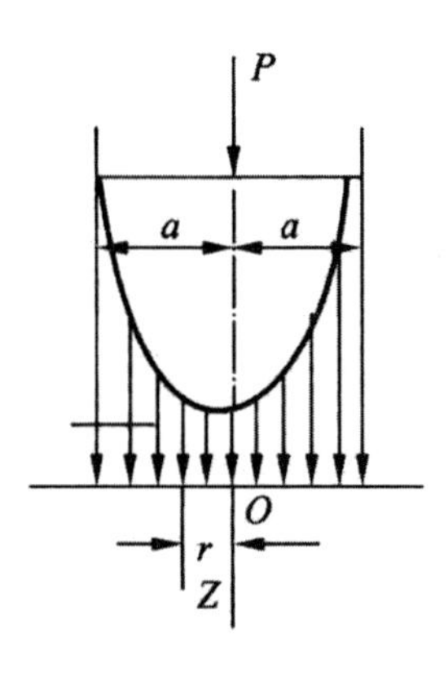

图 4-10　平底圆柱形压头压入时接触面上的压力分布

俄国科学家 JI.A.史立涅尔等认为：不均匀的压力分布只可能存在于压入岩石的开始阶段，接触面边缘处的压力集中使该处的岩石产生局部的破碎或塑性变形，而在以后继续压入时，压力便趋于均匀分布。即可认为，$p=P/(\pi/a^2)$ =常数。

在压力均匀分布的前提下，可以根据布西涅司克的解和应力叠加原理，求得弹性半无限体内（岩体内）沿对称轴上的各应力分量为：

$$\sigma_z=p\left(-1+\frac{z^3}{(a^2+z^2)^{3/2}}\right) \tag{4-41}$$

$$\sigma_r=\sigma_y=\frac{p}{2}\left[\frac{2(1+\mu)z}{(a^2+z^2)^{1/2}}-\frac{z^3}{(a^2+z^2)^{3/2}}-(1-2\mu)\right] \tag{4-42}$$

$$\tau=\frac{\sigma_r-\sigma_z}{2}=\frac{p}{2}\left[\frac{1-2\mu}{2}+(1+\mu)\frac{z}{(a^2+z^2)^{1/2}}-\frac{3}{2}\frac{z^3}{(a^2+z^2)^{3/2}}\right] \tag{4-43}$$

各应力分量随 z 值而变化的情况如图 4-11 所示。从该图可以看出：随着 z 的增加，σ_z 减小得慢些，而$\sigma_r=\sigma_y$ 减小得很快，因此剪应力τ随 z 的变化是开始由小变大，到一定深度（z_0）时，则具有最大值。

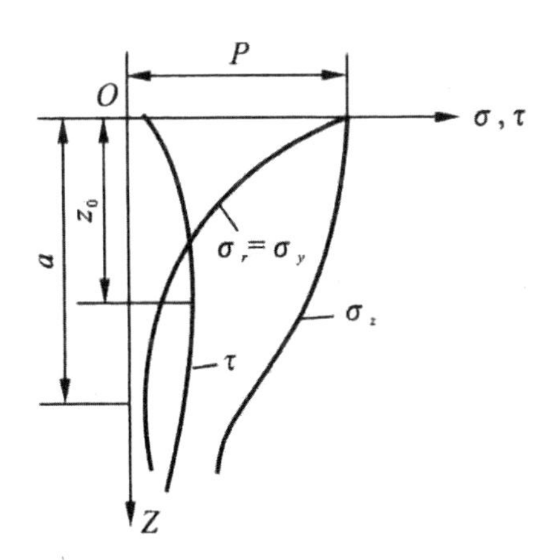

图 4-11　平底圆柱形压头压入弹性半无限体时沿对称轴的应力分布

在载荷中心 z=0 处，

$$\sigma_z=-p$$

$$\sigma_r = \sigma_y = -p\left(\frac{1+2\mu}{2}\right) \tag{4-44}$$

$$\tau = p\left(\frac{1-2\mu}{4}\right) \tag{4-45}$$

若将 $\tau = \dfrac{\sigma_r - \sigma_z}{2}$ 对 z 求导，并使其等于零，便可得到：

$$z_0 = a\sqrt{\frac{2(1+\mu)}{7-2\mu}} \tag{4-46}$$

$$\tau_{\max} = \frac{p}{2}\left[\frac{1-2\mu}{2} + \frac{2}{9}(1+\mu)\sqrt{2(1+\mu)}\right] \tag{4-47}$$

设μ=0.25，则 z_0=0.62a，$\tau_{\max}$=0.345p。这表明在 Z 轴上，最大剪应力所在的深度约等于压头半径的 2/3。而最大剪应力的大小约为均匀压强的 1/3。由于最大剪应力点是压碎岩石的发源处，所以引起人们的重视。

（三）球形压头压入时岩石的应力状态

球体压入弹性半无限体表面时，接触面上的压力分布是由赫茨求解出来的。

设作用在球体上的力为 P，接触面（又称压力面）的投影是个半径为 a 的圆，于是 a 值可按下式求出：

$$a = \sqrt{\frac{3}{4}\left[\frac{1-\mu_1^2}{E_1} + \frac{1-\mu_2^2}{E_2}\right]PR} \tag{4-48}$$

式中：P——作用在球体上的力，N；

R——球体的半径，m；

μ_1、μ_2——压头和岩石的泊松比；

E_1、E_2——压头和岩石的弹性模数，MPa。

球体压入时，接触面上的压力分布是不均匀的。其数值是随着压力点离开压力面中心的距离 r 的增加而不断减小的一个函数（图 4-12），即：

$$p(r) = \frac{3P}{2\pi a^3}\sqrt{a^2 - r^2} \tag{4-49}$$

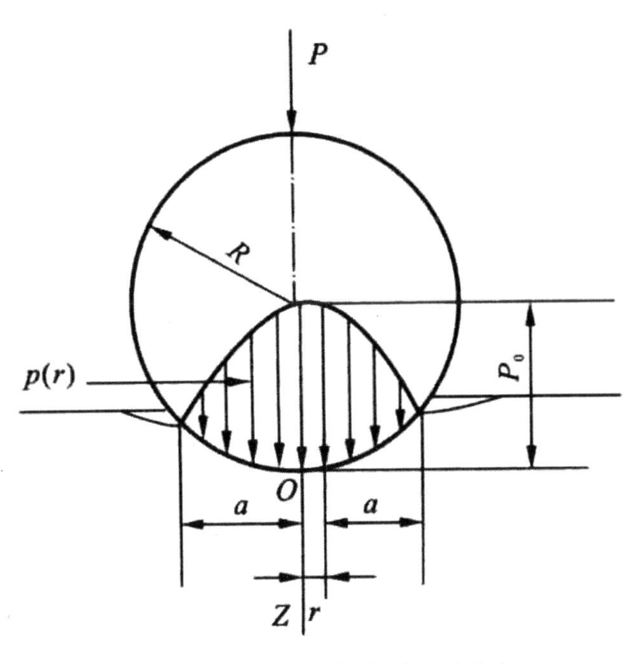

图 4-12　球形压头压力面上的压力分布

由此可知，在压力面中心处（r=0），$p_{r=0}=3P/(2\pi a^2)=p_0$；而在压力面边缘（$r$=$a$），$p_{r=a}=0$。

知道了压力面上的载荷分布，同样也可以利用布西涅司克集中力作用于弹性半无限体平面上的解，求得半无限体内沿对称轴上的应力分量：

$$\sigma_z=-p_0\left(\frac{a^2}{a^2+z^2}\right) \tag{4-50}$$

$$\sigma_r=\sigma_y=-(1+\mu)\ p_0\left(1-\frac{z}{a}\arctan\frac{a}{z}\right)+\frac{p_0}{2}\left(\frac{a^2}{a^2+z^2}\right) \tag{4-51}$$

$$t=\frac{\sigma_r-\sigma_z}{2}=\frac{3}{4}p_0\left(\frac{a^2}{a^2+z^2}\right)+\frac{1+\mu}{2}p_0\left(1-\frac{z}{a}\arctan\frac{a}{z}\right) \tag{4-52}$$

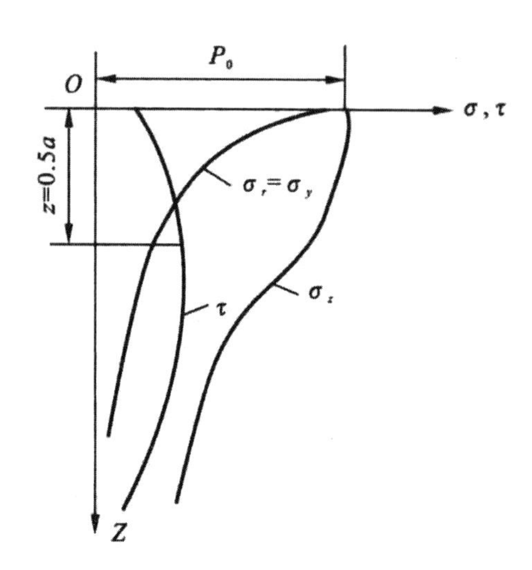

图 4-13　球形压头压入时沿对称轴的应力分布

各应力分量随 z 值变化的情况示于图 4-13 中。在对称轴上所有应力都是压应力。

显然，在压力面中心处（z=0）有：

$$\sigma_z=-p_0 \tag{4-53}$$

$$\sigma_r=\sigma_y=-\left(\frac{1+2\mu}{2}\right)p_0 \tag{4-54}$$

$$\tau=\frac{(1-2\mu)}{4}p_0 \tag{4-55}$$

如果μ=0.25，则压力面中心（即 z=0）处，$\sigma_z=-p_0$，$\sigma_r=\sigma_y=-0.75p_0$，$\tau=0.125p_0$。接触面中心的应力状态接近于各向均匀压缩状态。

随着 z 的增加，所有正应力都减小，但$\sigma_r=\sigma_y$ 比σ_z 减小得更快。剪应力与正应力不同，开始时τ随 z 的增加而增大，在达到某一最大值后，即逐渐减小。根据计算，最大剪应力所在深度 $z_0=0.5a$；最大剪应力$\tau_{max}=0.40p_0$。这说明在深度 $z=0.5a$ 处的剪应力为压力面中心 $z=0$ 处剪应力的 3 倍多。

另外，按照弹性力学推导，在压力面边缘（即 $z=0$，$r=a$）处，应力分量为：

$$\sigma_r = -\sigma_\theta = \left(\frac{1-2\mu}{3}\right)p_0 \tag{4-56}$$

$$\sigma_z = 0 \tag{4-57}$$

$$\tau = \frac{\sigma_r - \sigma_z}{2} = \left(\frac{1-2\mu}{3}\right)p_0 \tag{4-58}$$

当μ=0.25 时，$\sigma_r = -\sigma_\theta = -0.167p_0$，$\tau = 0.167p_0$。这表明在接触面的圆周边界处，沿径向应力拉应力。另外此处剪应力小于对称轴上τ_{max}，但大于压力面中心的剪应力。

因此，球体压入平面时，最危险处是：压力面周边和弹性半无限体内对称轴上距压力面 z=0.5a 处。

（四）轴向力和切向力共同作用时压头下方岩石的应力状态

在回转钻进中，破碎岩石工具不仅以轴向载荷，同时以切向载荷作用于岩石。此时接触面上和岩石内部的应力分布情况与只有轴向载荷时不同。

弹性力学研究表明：只有轴向力单独作用于压头时，弹性半无限体内等应力线分布是均匀的、对称的（图 4-14）。而轴向力和切向力共同作用时，等应力线分布则是非均匀的、不对称的（图 4-15）。在接触面上，切向力作用的前方将产生压应力，而切向力作用的后方则产生拉应力；在半无限体内［图 4-15（b）］形成压应力区（Ⅰ）、拉应力区（Ⅱ）和过渡区（Ⅲ）。

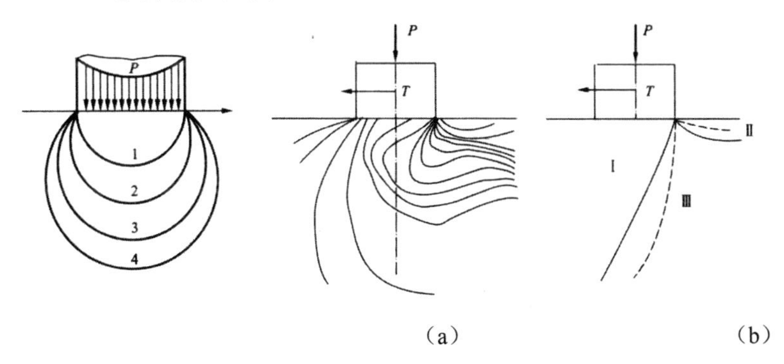

（a）　　　　（b）

（a）等应力线图；（b）应力状态特征

Ⅰ-压应力区；Ⅱ-拉应力区；Ⅲ-过渡区

图 4-14 轴向力作用时岩石内的应力分布　图 4-15 轴向力和切向力共同作用时岩石内的应力分布

由此可以推知，在两向载荷作用下，碎岩工具对岩石的作用具有以下的特点。

（1）轴向力与切向力共同作用时，可视为碎岩工具对孔底岩石表面以某一角度施加作用力。岩石破碎效果将由此作用力的数值和方向来决定。轴向力和切向力之间存在最优的比值，或者说有最优的作用力方向。这一方向对于不同的岩石可能是不同的。所以钻进不同岩石时，轴向压力和回转速度应有一个合理的配合关系。

（2）轴向力与切向力共同作用时，碎岩工具下方岩石中产生不均匀的应力状态。压缩区Ⅰ随轴向力增加而扩大，随切向力的增加而缩小；拉伸区Ⅱ则与上述情况相反。压缩区与拉伸区之间为过渡区Ⅲ，该区内既有压应力的作用，又有拉应力的作用。

（3）由前面介绍的岩石强度特性可知，岩石的抗拉强度最小。当岩石中出现拉应力时，在其他条件相同的情况下，岩石将在作用力比较小的时候，在拉应力区开始破碎。

三、岩石在外载作用下的破碎过程

（一）岩石的变形破碎方式

钻进破碎岩石，特别是破碎坚硬岩石时，轴向载荷起主要作用。根据切削具对岩石的作用力的不同，岩石变形破碎方式不同，对钻进速度的影响也不同。

按破碎特点和钻进效果，岩石破碎方式可以有 3 种（图 4-16）。

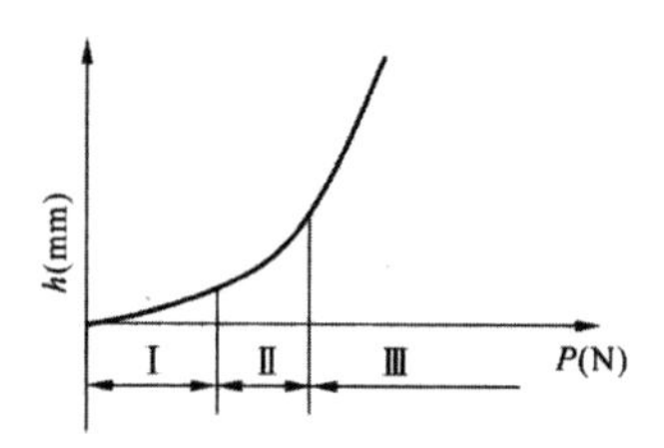

Ⅰ-表面破碎区；Ⅱ-疲劳破碎区；Ⅲ-体积破碎区

图 4-16　岩石的不同破碎变形方式

切削具上轴向载荷不大时，切削具与岩石的接触压力远远小于岩石硬度（$p_k \leqslant p_w$），由于必须克服岩石的结构强度（岩石硬度），所以此时切削具不能破碎岩石。切削具移动时，将研磨孔底岩石，岩石的破碎是由切削刃与岩石接触摩擦所做的功引起的，因此分离下来的岩石颗粒很小，钻进速度低，钻孔进尺很慢。这种变形破碎方式称为岩石的表面研磨（磨损），这个区称为表面破碎区。

假如切削具上的轴向载荷增加，使岩石晶间联系破坏，岩石结构间缺陷发展，特别是孔底受多次加载影响产生的疲劳裂隙更加发展，于是众多裂隙交错，尽管切削具与岩石的接触压力仍小于岩石硬度（$p_k < p_w$），仍可产生较粗岩粒的分离，这种变形破坏形式称为疲劳破碎，这个区称为疲劳破碎区。

切削具上的载荷继续增加，直到切削具可有效地切入岩石，结果是：切削具在孔底移动时不断克服岩石的结构强度，切下岩屑。此时切削具与岩石的接触压力大于或等于岩石硬度（$p_k \geqslant p_w$），这种变形破坏方式称为体积破碎，这个区称为体积破碎区。体积破碎时，会分离出大块岩石，破碎效果好。

体积破碎之前，切削具下先形成各向压缩的体积应力状态，分离时剪切应力起主要作用。

（二）平底压模压入时的岩石变形破碎过程

当外载作用在平底压模上时，随着外载的增加，岩石上出现残余变形。残余变形以裂隙的形式出现在压模与岩石的接触圆周上并沿 *ac* 和 *ao* 方向伸展［图 4-17（a）］。开始时，*ac* 方向上的裂隙伸展速度比 *ao* 方向上残余变形发展速度快，但后来随着远离自由面，*ac* 方向上的裂隙发展速度迅速减慢。如果外载增大，速度不变，则 *ac* 方向上裂隙发展速度也基本不变。多数情况下，*ao* 方向上裂隙在 *o* 点相交的时间比 *ac* 方向上裂纹到达 *c* 点的时间晚。*ac* 方向上的裂隙在 *c* 点产生指向自由面和 *o* 点的裂隙［图 4-17（b）］。此后，残余变形迅速发展。裂隙从 *c* 点迅速到达自由面并与从 *o* 点发展来的裂隙相遇。当 *ao* 方向的裂隙在 *o* 点相遇后，产生 *oc* 方向上的裂隙。这些裂隙的发育结果，就产生 *aob* 体和 *mon* 体，*aob* 体叫作主压力体，*mon* 体叫作剪切体［图 4-17（c）］。此时压模阻力急剧降低，压模下落，*aob* 体破碎，从压模下面压出，一部分破碎的岩石被压在压头唇面的下面［图 4-17（d）］。

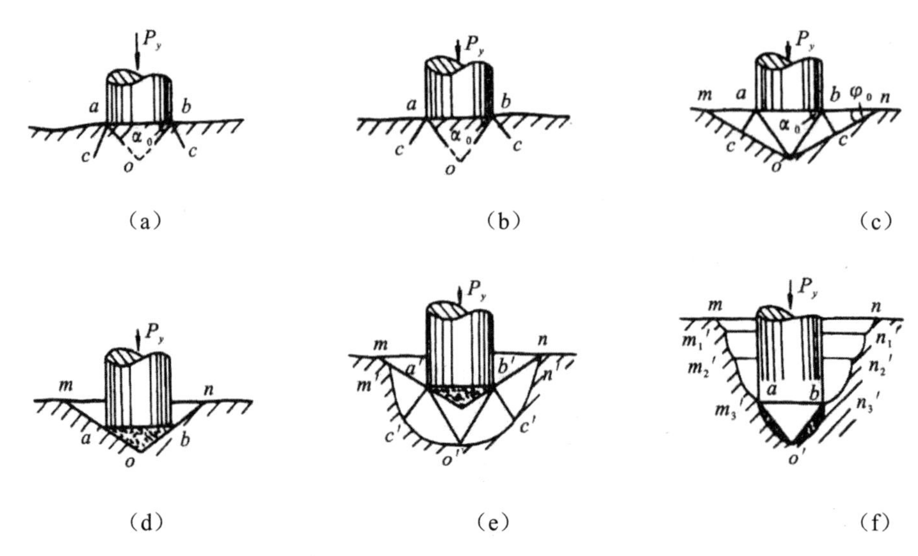

图 4-17　平底压模压入时的岩石变形破碎过程示意图

如果继续施载，则被破碎的岩石在此以后在压模下面被压实，并在剪切应力体内产生弹性变形。此外，裂隙沿 *a'c'* 和 *a'o'* 方向向深部伸展。由于在比第一种情况下大得多的外载作用下，裂隙把 *a'o'b'* 体和 *m'c'o'c'n'* 体分离开来［图 4-17（e）］。*a'o'b'* 体和 *m'c'o'c'n'* 体中的岩石将被压碎并部分从压模下面压出，但一部分破碎的岩石将又被压在压模的下面。

继续施加外载时，上述现象将重复进行［图 4-17（f）］。先是破碎的岩石被压在压模下面，然后产生剪切裂隙，产生新的分离体，将其压碎，压模又下落等，以此类推。

图 4-18 示出了直径 3mm 平底压模压入大理岩时的阻力变化曲线 1 和岩石破碎体积百分比变化曲线 2。

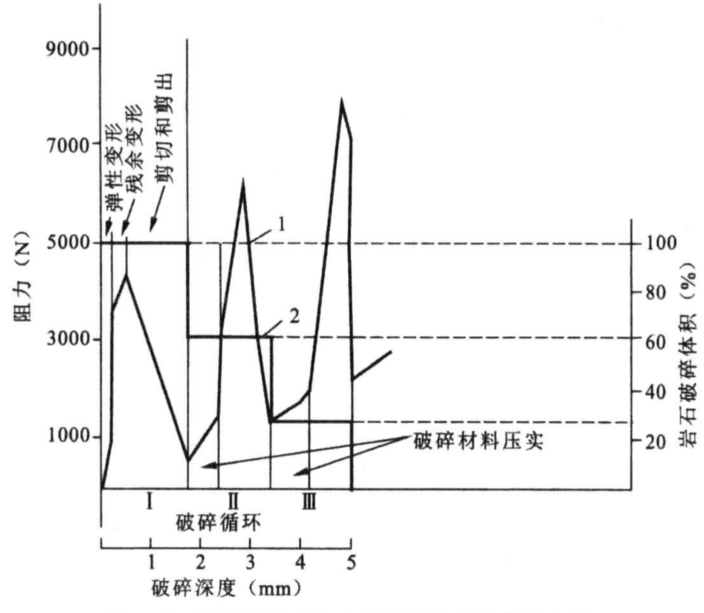

图 4-18　平底压模压入大理岩时的阻力变化曲线

从图 4-17 可见，压模压入岩石时破碎过程是呈循环式的。从岩石弹性变形、塑性变形、形成主压力体、剪切体剪出、压模跳跃或下落完成一个循环，然后再开始一个新的破碎循环。

（三）球状切削具压入时的岩石变形破碎过程

在球状切削具压入条件下，从理论上说，开始时切削具与岩石接触的是一个点，实际上是一个非常小的表面积。随着外载的增加，由于切削具和岩石都产生弹性变形，这个接触面开始增大。正如赫茨的研究结果证明，此时接触面中心的正应力最大，到接触面边缘降为零。由于应力分布不均匀，所以在岩石内产生剪应力，导致形成小的剪切和岩屑［图 4-19（a）］。外载增加时，接触面增大，产生与原有裂隙平行的新裂隙系［图 4-19（b）］。如果外载再增加，则接触面增大，产生的新裂隙系向岩石深处伸展。球状切削具总的弹性变形值不与外载值成正比例。外载继续增加时，弹性变形总值减小。因此在接触面上的应力增大。裂隙向岩石内伸展的深度随接触面上应力的增加而增大。以后的破碎过程与平底压模时类似。

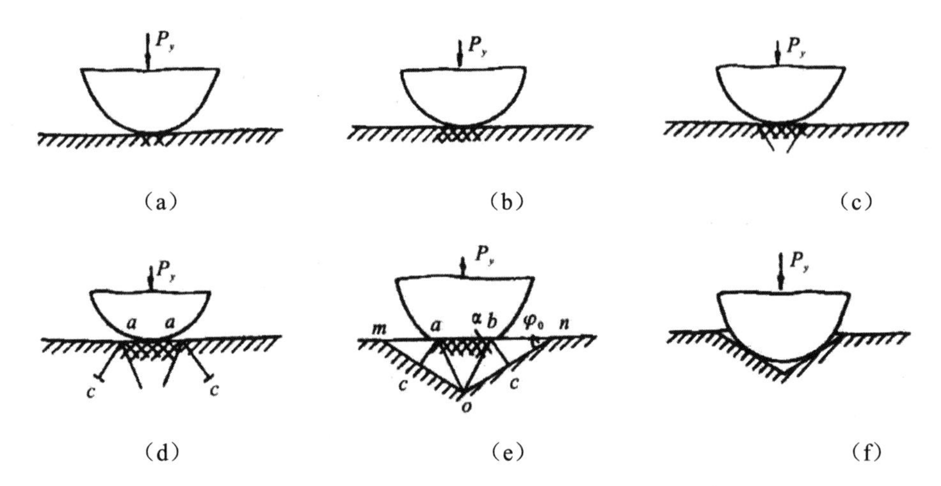

图 4-19　球状切削具压入时的岩石变形破碎过程示意图

球状切削具与平底压模压入岩石时的区别在于：裂隙对主压力体 *aob* 内的岩石进行了初步破坏，以及已破碎的岩石再次压在切削具下面的较少。

球状切削具压入岩石时，可以分为两种破碎形式：第一种形式是相交的裂隙系对岩石进行破碎；第二种形式是剪切体 *mcocn* 的分离。

第五章　探槽与坑探

第一节　探槽工程

探槽是矿产勘查中使用最广的探矿手段。探槽是坑探的一种类型。其特点是人员可进入工程内部，能对所揭露的地质与矿产现象进行直接观测及采样，检验钻探和物探资料或成果的可靠程度，获得比较精确的地质资料，探明精度较高的矿产储量。探槽是勘探地质构造复杂的稀有金属、放射性元素、有色金属及特种非金属矿床时常用的手段。

一、探槽施工目的及一般规格

（1）目的。揭露矿化、蚀变带，矿层（体）和物化探，重砂等异常；揭露表土不厚的矿（化）体及其他特定地质体，了解矿体地表部分的规模、产状、构造、矿石类型及其品位等情况；验证物化带异常；等等。

（2）规格。通常的深度为1～3m，较深的可达5m。槽口的宽度视地表土稳固程度和探槽深度而定，必须大于槽底的宽度，使探槽两帮的坡度保证在安息角内。探槽底部见基岩后，应再向下挖0.3～0.8m，矿体和矿化部位应适当加深，尽可能地揭露比较新鲜的露头。槽底力求平缓，底宽应为0.8～1.0m，以便采样。探槽的长度则视设计要求而定，一般应系统地揭露矿体、矿化带或含矿层，必须揭露、穿透矿化层，两端进入围岩1.0～2.0m。

二、探槽的分类

探槽按其施工目的和控制范围不同，可分为：干槽、主槽、辅助槽。

（一）干槽

干槽布设在主要剖面线上，其长度穿过所有的矿体群、矿化带和含矿层、各物化探异常带。其目的是在查明矿区地质构造的基础上，了解各矿体群、各矿化带或含矿层、各物化探异常带之间的相互关系，以利于认识矿床的成矿规律、找矿标志，探索新的成矿部位。但由于干槽动用工程量较多，过少、过短则易漏矿，过长、过多又造成浪费，设计时要周密安排。通常根据矿床地质条件的复杂程度布设 1～3 条干槽。遇到以下情况的矿区可以不设干槽。

（1）矿区露头良好者。

（2）平行矿体、矿体群（或矿化带、含矿层）无出现可能性者。

（3）单一的单斜板状矿体，地质构造简单的矿床，或矿体构造较复杂但围岩构造简单的矿床；围岩中确实无矿化、无物化探异常，围岩地质构造通过少量短槽、探井或剥土即可查明的矿床。

对干槽及其所在的剖面，应进行详细编录，充分收集有关金矿勘查所需的矿床地质资料，包括岩矿标本.研究岩（矿）石特性的标本及原生晕样品等。

（二）主槽

主槽的施工目的是系统地揭露矿体、矿化带和含矿层，提供金矿勘查所必需的地质资料。主槽应按一定间距布置，其密度和数量取决于矿床地质构造的复杂程度以及不应用阶段的工作要求。在施工条件不利于探槽时，可选用井探、短坑或浅钻来代替探槽，取得应有的资料。

（三）辅助槽

辅助槽的目的是配合干槽查明矿床地表部分的地质构造及矿化带或含矿层、主矿体的情况，配合主槽进一步控制矿体的规模、产状与质量。对矿体有较大破坏的断层、火成岩体，以及与矿体评价有关的重要地质现象与地质界线地都可施工辅助槽，取得丰富、确切的资料。

三、探槽工程的布设

（一）明确施工目的

明确施工目的即要求我们要在探槽工作前，进一步细化在哪儿投入工程，投入多少，拟解决什么问题。

（二）布设原则

布设时应遵循由已知到未知、由近及远的原则。实质就是要把工程放到地质情况最清楚、最有把握的地段上，然后根据它的结果推测下一个工程的情况，依次施工。探槽一般应垂直矿脉走向（异常长轴）布置。

（三）实际工作中应注意的问题

探槽布设中应注意“V”字形法则的应用，地形地物的观察，地表出露岩石及坡积物等的变化，同时推断矿脉出露位置，力争用最小的工程量取得最大的地质效果。

四、探槽的施工指导

在施工过程中我们应及时地检查，根据实际情况，适当延长或缩短探槽，判断预取样位置，告知施工方，对预取样位置进行适当加深，让槽底尽量平缓，为以后验收、取样奠定一定的基础。

五、探槽工程的验收、编录及采样

探槽工程完工后，应及时进行验收、编录及采样，以免因天气变化等因素引起坍塌，造成工作被动。

（一）探槽素描图的展开方法

（1）坡度展开法。槽壁按地形坡度作图，槽底作平面投影。此法能比较直观地反映探槽的坡度变化及地质体的槽壁产出情况，因而被普遍采用。

通常绘“一壁一底”展开图。当探槽两壁地质现象相差较大时，则需绘制“两壁一底”展开图。在探槽素描图上，槽壁与槽底之间应留有一定间隔，以便于注记。

（2）平行展开法。在素描图上，槽壁与槽底平行展开，坡度角用数字和符号标注。使用此法者极少。

（二）探槽的素描步骤

（1）素描前，首先应对探槽中所要素描的部分进行全面观察研究，了解其总的地质情况，确定岩性、分层、预采样位置。

（2）在素描壁上，将皮尺从探槽的一端拉到另一端，并用木桩加以固定，然后用罗盘测量皮尺的方位角及坡度角。皮尺的起始端（即0m处）要与探槽的起点相重合。

（3）用钢卷尺，沿着皮尺所示的距离，丈量特征点（如探槽轮廓、分层界线、构造线等）至皮尺的铅直距离及各特征点在皮尺上的读数。当地质体和探槽形态比较简单时，控制测量的次数可以减少；相反，对形态比较复杂的地质体则应加密控制。

（4）根据测量的读数，在方格.上按比例定出各特征点的位置，并参照地质体的实际出露形态，将相同的特征点连接成图。

（5）划分岩层，描述地质现象，确定采样位置，采集样线布设与样品，填写各类样品记录或登记表，评定探槽质量。

（6）文图现场工作：应注意前后编录有无矛盾、有无遗漏，标尺有无积累误差，划样位置是否适当，采样是否符合要求。

第二节　坑探工程

一、坑探工程的目的和作用

坑探工程也称掘进工程、井巷工程，它是用人工或机械的方法在地下开凿挖掘一定的空间，以便直接观察岩土层的天然状态及各地层之间的接触关系等地质结构，并能取出接近实际的原状结构的岩土样或进行现场原位测试。它在岩土工程勘探中占有一定的地位。与一般的钻探工程相比较，其特点是：勘察人员能直接观察到地质结构，准确可靠，且便于素描；可不受限制地从中采取原状岩土样和用作大型原位测试。尤其对研究断层破碎带、软弱泥化夹层和滑动面（带）等的空间分布特点及其工程性质等，具有重要意义。坑探工程的缺点是：使用时往往受到自然地质条件的限制，耗费资金大而勘探周期长，尤其是不可轻易采用重型坑探工程。

二、坑探工程的类型和适用条件

岩土工程勘探中常用的坑探工程有探槽、试坑、浅井、竖井（斜井）、平硐和石门（平巷）（图 5-1，表 5-1）。其中前 3 种为轻型坑探工程，后 3 种为重型坑探工程。

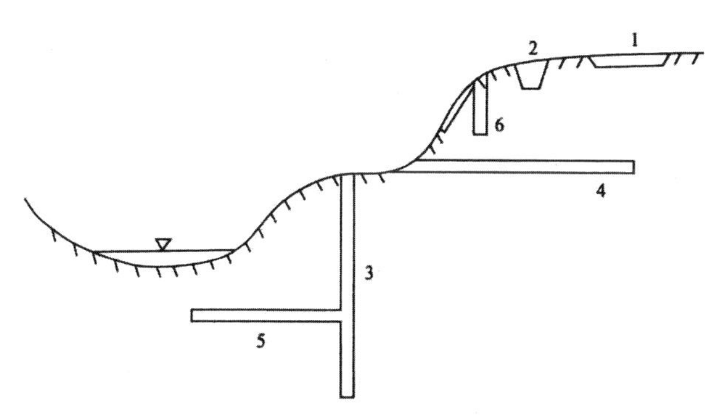

1-探槽；2-试坑；3-竖井；4-平硐；5-石门；6-浅井

图 5-1　工程地质常用的坑探类型示意图

表 5-1　各种坑探工程的特点和适用条件

名称	特点	适用条件
探槽	在地表深度小于 3～5m 的长条形槽子	剥除地表覆土，揭露基岩，划分地层岩性，研究断层破碎带；探查残坡积层的厚度和物质结构
试坑	从地表向下，铅直的、深度小于 3～5m 的圆形小坑或方形小坑	局部剥除覆土，揭露基岩；做载荷试验、渗水试验，取原状土样
浅井	从地表向下，铅直的、深度为 5～15m 的圆形井或方形井	确定覆盖层和风化层的岩性及厚度；做载荷试验，取原状土样
竖井（斜井）	形状与浅井相同，但深度大于 15m，有时需支护	了解覆盖层的厚度和性质，以及风化壳分带、软弱夹层分布、断层破碎带及岩溶发育情况、滑坡体结构及滑动面等；布置在地形较平缓、岩层又较缓倾的地段
平硐	在地面有出口的水平坑道，深度较大，有时需支护	调查斜坡地质结构，查明河谷地段的地层岩性、软弱夹层、破碎带、风化岩层等；做原位岩体力学试验及地应力量测，取样；布置在地形较陡的山坡地段
石门（平巷）	不出露地面而与竖井相连的水平坑道，石门垂直岩层走向，平巷平行	了解河底地质结构、做试验等

三、坑探工程设计书的编制

坑探工程设计书是在岩土工程勘探总体布置的基础上编制的，其内容主要包括以下几点。

（1）坑探工程的目的、型号和编号。

（2）坑探工程附近的地形、地质概况。

（3）掘进深度及其论证。

（4）施工条件：岩石及其硬度等级，掘进的难易程度，采用的掘进机械与掘进方法；地下水位，可能的涌水情况，应采取的排水措施；是否需要支护及支护材料、结构等。

（5）岩土工程要求：①掘进过程中的编录要求及应解决的地质问题；②对坑壁底、顶板掘进方法的要求；③取样的地点、数量、规格和要求等；④岩土试验的项目、组数、位置及掘进时应注意的问题；⑤应提交的成果、资料及要求。

（6）施工组织、进度、经费及人员安排。

四、坑探工程的观察、描述、编录

（一）坑探工程的观察、描述

坑探工程的观察和描述，是反映坑探工程第一手地质资料的主要手段。所以在掘进过程中应认真、仔细地做好此项工作。观察、描述的内容如下。

（1）量测探井、探槽、竖井、斜井、平硐的断面形态尺寸和掘进深度。

（2）地层岩性的划分与描述。注意划分第四系堆积物的成因、岩性、时代、厚度及空间变化和相互接触关系，以及基岩的颜色、成分、结构构造、地层层序以及各层间接触关系。同时还应特别注意软弱夹层的岩性、厚度及其泥化情况。地层岩性的描述同工程地质测绘一节。

（3）岩石的风化特征及其随深度的变化，风化壳分带。

（4）岩层产状要素及其变化，以及各种构造形态；注意断层破碎带及节理、裂隙的发育；断裂的产状、形态、力学性质；破碎带的宽度、物质成分及其性质；节理裂隙的组数，产状穿切性、延展性，隙宽、间距（频度），有必要时绘制节理裂隙的素描图并统计测量。

（5）测量点、取样点、试验点的位置、编号及数据。

（6）水文地质情况。如地下水渗出点位置、涌水点及涌水量的大小等。

（二）坑探工程展视图

展视图是坑探工程编录的主要内容，也是坑探工程所需提交的主要成果资料。所谓展视图，就是沿坑探工程的壁、底面所编制的地质断面图，按一定的制图方法将三度空间的图形展开在平面上。由于它所表示的坑探工程成果一目了然，故在岩土工程勘探中被广泛应用。

不同类型的坑探工程展视图的编制方法和表示内容有所不同，其比例尺应视坑探工程的规模、形状及地质条件的复杂程度而定，一般采用 1∶25～1∶100。下面介绍探槽、竖井（探井）和平硐展视图的编制方法。

1.探槽展示图

探槽在追踪地裂缝、断层破碎带等地质界线的空间分布及查明剖面组合特征时使用很广泛。因此在绘制探槽展示图之前，确定探槽中心线方向及其各段变化，测量水平延伸长度、槽底坡度，绘制四壁地质素描显得尤为重要。

探槽展示图有以坡度展开法绘制的展示图和以平行展开法绘制的展示图。其中平行展示法使用广泛，更适用于坡度直立的探槽，如图 5-2 所示。

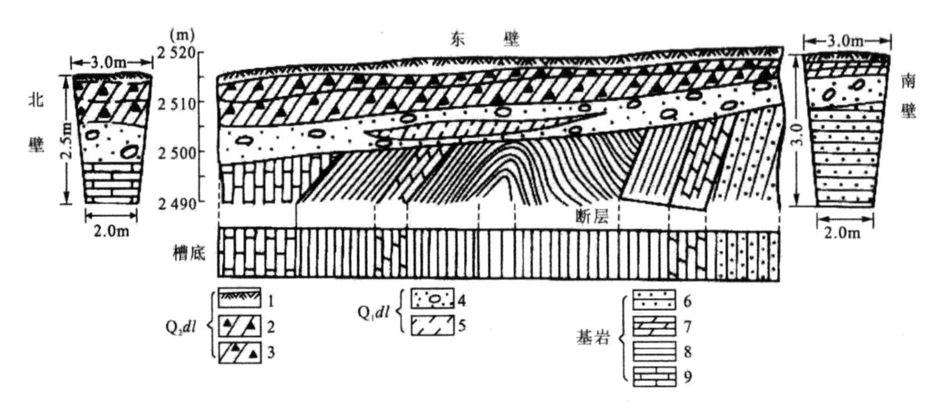

1-表土层；2-含碎石粉土；3-含碎石粉质黏土；4-含漂石和卵石的砂土；5-粉土；6-细粒云母砂岩；7-白云岩；8-页岩；9-灰岩

图 5-2　探槽展视图

2.浅井和竖井的展示图

浅井和竖井的展示图有两种：一种是四壁辐射展开法；另一种是四壁平行展开法。四壁平行展开法使用较多，它避免了四壁辐射展开法因井较深存在的不足。图 5-3 为采用四壁平行展开法绘制的探井展示图，图中浅井和竖井四壁的地层岩性、结构构造特征很直观地表示了出来。

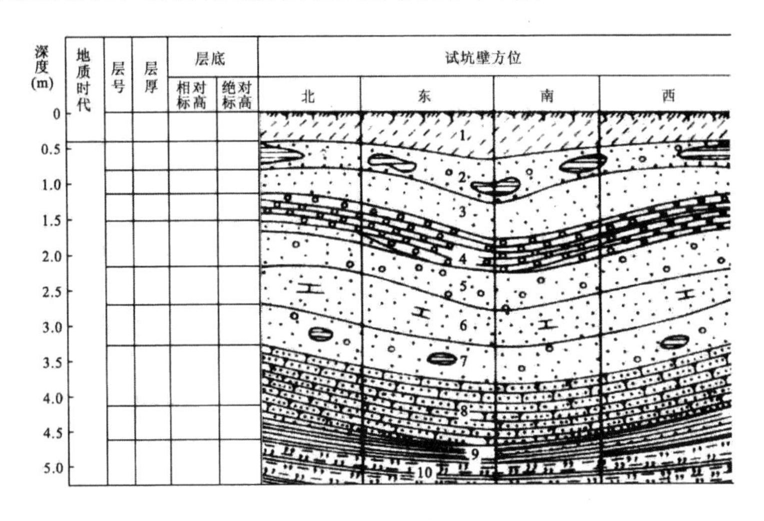

图 5-3　用四壁平行展开法绘制的浅井展示图

3.平硐展示图

绘制平硐展示图从硐口开始，到掌子面结束。其具体绘制方法是：按实测数据先画出硐底的中线，然后依次绘制硐底—硐两侧壁—硐顶—掌子面，最后按底、壁、顶和掌子面对应的地层岩性及地质构造填充岩性图例与地质界线，并绘制硐底高程变化线，以便于分析和应用（图 5-4）。

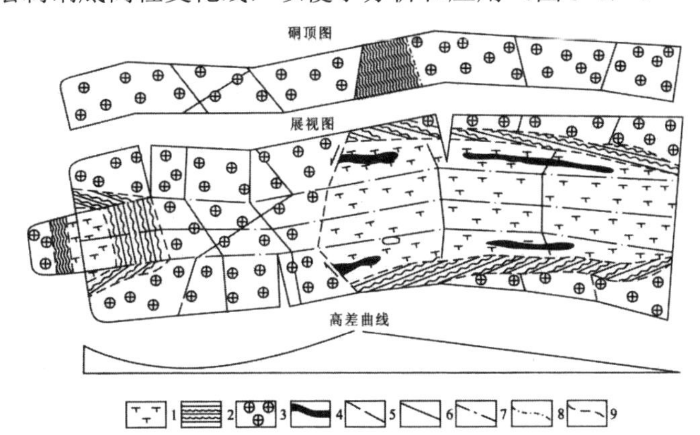

1-凝灰岩；2-凝灰质页岩；3-班岩；4-细粒凝灰岩夹层；5-断层；6-解理；7-硐底中线；8-硐底壁分界线；9-岩层分界线

图 5-4　平硐展视图

五、坑探工程的一般要求

（1）当钻探方法难以准确查明地下情况时，可采用探井、探槽进行勘探。在坝址、地下工程、大型边坡等勘察中，当需详细查明深部岩层性质、构造特征时，可采用竖井或平硐。

（2）探井的深度不宜超过地下水位。竖井和平硐的深度、长度、断面按工程要求确定。

（3）对探井、探槽和探硐除文字描述记录外，尚应以剖面图、展示图等反映井、槽、硐壁和底部的岩性、地层分界、构造特征、取样和原位试验位置，并辅以代表性部位的彩色照片。

（4）坑探工程的编录应紧随坑探工程掌子面，在坑探工程支护或支撑之前进行。编录时，应于现场做好编录、记录和绘制完成编录展示草图。

（5）探井、探槽完工后可用原土回填，每 30 cm 分层夯实，夯实土干重度不小于 15 kN/m^3。有特殊要求时可采用低标号混凝土回填。

第六章　岩土工程勘察野外测试技术

第一节　圆锥动力触探试验

一、试验的类型、应用范围和影响因素

（一）圆锥动力触探试验的类型

圆锥动力触探试验的类型可分为轻型、重型和超重型 3 种。圆锥动力触探是利用一定的锤击能量，将一定尺寸、一定形状的圆锥探头打入土中，根据打入土中的难易程度（可用贯入度锤击数或单位面积动贯入阻力来表示）来判别土层的变化，对土层进行力学分层，并确定土层的物理力学性质，对地基土做出工程地质评价。通常以打入土中一定距离所需的锤击数来表示土层的性质，也可以动贯入阻力来表示土层的性质。其优点是设备简单、操作方便、工效较高、适应性强，并具有连续贯入的特点。对难以取样的砂土、粉土、碎石类土等土层以及对静力触探难以贯入的土层，圆锥动力触探是十分有效的勘探测试手段。圆锥动力触探的缺点是不能采样对土进行直接鉴别描述，试验误差较大，再线性较差。

（二）圆锥动力触探试验的应用范围

当土层的力学性质有显著差异，而在触探指标上有显著反应时，可利用动力触探进行分层并定性地评价土的均匀性，检查填土质量，探查滑动带、土洞，确定基岩面或碎石土层的埋藏深度等。同时，确定砂土的密实度和黏性土的状态，评价地基土和桩基承载力，估算土的强度和变形参数等。

轻型动力触探适用范围：一般用于贯入深度小于 4m 的一般黏性土和黏性素填土层。

重型动力触探适用范围：一般适用于砂土和碎石土。

超重型动力触探适用范围：一般用于密实的碎石土或埋深较大、厚度较大的碎石土。

圆锥动力触探详细的适用范围见表 6-1。

表 6-1　动力触探的适用范围

类型		砂土、粉土、黏性土				砂土					碎石土		
		砂土	黏土	粉质黏土	粉土	粉砂	细砂	中砂	粗砂	砾砂	圆砾	卵石	石
动力触探	轻型		+	++	+								
	中型		+	++	+								
	重型					+	+	++	++	++	++	+	
	超重型									+	++	++	

注：“++”表示适合，“+”表示部分适合。

（三）圆锥动力触探试验的影响因素

圆锥动力触探试验的影响因素有侧壁摩擦、触探杆长度以及地下水。

1.对于重型动力触探影响因素的校正

（1）侧壁摩擦影响的校正。对于砂土和松散中密的圆砾、卵石，触探深度在 1～15m 的范围内时，一般可不考虑侧壁摩擦的影响。

（2）触探杆长度的修正。当触探杆长度大于 2m 时，需按式（6-1）校正：

$$N_{63.5}=\alpha N \tag{6-1}$$

式中：$N_{63.5}$ 为重型动力触探试验锤击数；N 为贯入 10 cm 的实测锤击数；α 为触探杆长度校正系数，可按规范确定。

（3）地下水影响的校正。对于地下水位以下的中砂、粗砂、砾砂和圆砾、卵石，锤击数可按式（6-2）校正：

$$N_{63.5}=1.1N'_{63.5}+1.0 \tag{6-2}$$

式中：$N_{63.5}$为经地下水影响校正后的锤击数；$N'_{63.5}$为未经地下水影响校正而经触探杆长度影响校正后的锤击数。

2.对于超重型动力触探影响因素的校正

（1）触探杆长度影响的校正。当触探杆长度大于 1m 时，锤击数可按式（6-3）进行校正：

$$N_{120}=\alpha N \tag{6-3}$$

式中：N_{120}为超重型触探试验锤击数；α为杆长校正系数，可按表 6-2 确定。

（2）触探杆侧壁摩擦影响的校正：

$$N_{120}=F_n N \tag{6-4}$$

式中：F_n为触探杆侧壁摩擦影响校正系数，可按规范确定。

式（6-3）与式（6-4）可合并为式（6-5），因此，触探杆长度和侧壁摩擦的校正可一次完成即：

$$N_{120}=\alpha F_n N \tag{6-5}$$

式中：αF_n为综合影响因素校正系数，可按规范确定。

表 6-2　超重型动力触探试验触探杆长度校正系数 F_n

N	1	2	3	4	6	8～9	10～12	13～17	18～24	25～31	32～50	＞50
F_n	0.92	0.85	0.82	0.80	0.78	0.76	0.75	0.74	0.73	0.72	0.71	0.70

二、试验方法

（一）动力触探类型及规格

圆锥动力触探试验的类型可分为轻型、重型和超重型 3 种。其规格和适用土类应符合表 6-3 的规定。

表 6-3　动力触探、标准贯入试验的设备规格及适用的土层

类型		轻型	重型	超重型
锤	重量（kg）	10	63.5	120
	落距（cm）	50	76	100
探头	直径（mm）	40	74	74
	锥角（°）	60	60	60
探杆直径（mm）		25	42	50～60
指标		贯入 30 cm 的锤击数 N_{10}	贯入 10 cm 的锤击数 $N_{63.5}$	贯入 10 cm 的锤击数 N_{120}
主要适用的岩土		≤4m 的填土、砂土、黏性土	砂土、中密以下的碎石土、极软岩	密实和很密实的碎石土、软岩、极软岩

（二）试验仪器设备

圆锥动力触探试验设备主要分 4 个部分（图 6-1）。

（1）探头。为圆锥形，锥角 60°，探头直径为 40～74mm。

（2）穿心锤。钢质圆柱形，中心圆孔略大于穿心杆 3～4mm。

（3）提引设备。轻型动力触探采用人工放锤，重型及超重型动力触探采用机械提引器放锤，提引器主要有球卡式和卡槽式两类。

（4）探杆。轻型探杆外径为 25 mm 钻杆，重型探杆外径为 42 mm 钻杆，超重型探杆外径为 60 mm 重型钻杆。

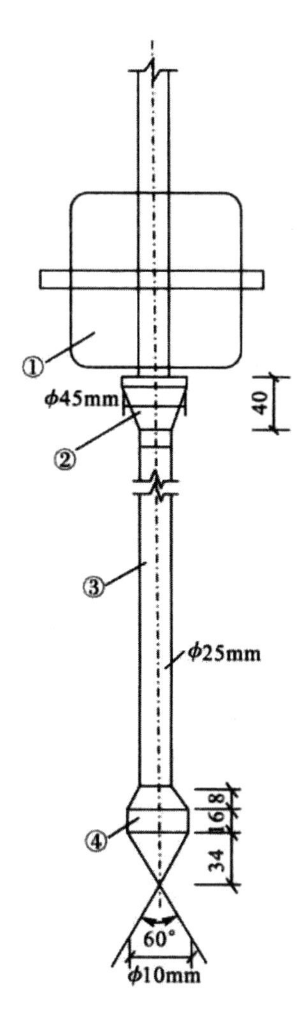

①穿心锤；②锤垫；③探杆；④圆锥头

图 6-1　轻型动力触探仪

（三）技术要求

圆锥动力触探试验技术要求应符合下列规定。

（1）采用自动落锤装置。

（2）触探杆最大偏斜度不应超过 2%，锤击贯入应连续进行；同时防止锤击偏心、探杆倾斜和侧向晃动，保持探杆垂直度；锤击速率每分钟宜为 15～30 击。

（3）每贯入 1m，宜将探杆转动一圈半；当贯入深度超过 10m，每贯入 20 cm 宜转动探杆 1 次。

（4）对轻型动力触探，当 N_{10}＞100 或贯入 15 cm 锤击数超过 50 次时，可停止试验；对重型动力触探，当连续 3 次 $N_{63.5}$＞50 时，可停止试验或改用超重型动力触探。

三、试验成果整理

（一）触探指标

以贯入一定深度的锤击数 N 值（如 N_{10}、$N_{63.5}$、N_{120}）作为触探指标，可以通过 N 值与其他室内试验和原位测试指标建立相关关系式，从而获得土的物理力学性质指标。这种方法比较简单、直观，使用也较方便，因此被国内外广泛采用。但它的缺陷是不同触探参数得到的触探击数不便于互相对比，而且它的量纲也无法与其他物理力学性质指标一起计算。近年来，国内外倾向于用动贯入阻力来替代锤击数。

（二）动贯入阻力 q_d

欧洲触探试验标准规定了贯入 120 cm 的锤击数和动贯入阻力两种触探指标。我国《岩土工程勘察规范》GB50021-2001）虽然只列入锤击数，但在条文说明中指出，也可以采用动贯入阻力作为触探指标。

以动贯入阻力作为动力触探指标的意义在于：①采用单位面积上的动贯入阻力作为计量指标，有明确的力学量纲，便于与其他物理量进行对比；②为逐步走向读数量测自动化（例如应用电测探头）创造相应条件；③便于对不同的触探参数（落锤能量、探头尺寸）的成果资料进行对比分析。

荷兰公式是目前国内外应用最广泛的动贯入阻力计算公式，我国《岩土工程勘察规范》（GB50021-2001）和《土工试验方法标准》（GB/T50123-1999）都推荐该公式。该公式是建立在古典牛顿碰撞理论基础.上的，它假定：绝对非弹性碰撞，完全不考虑弹性变形能量的消耗。在应用动贯入阻力计算公式时，应考虑下列条件限制：①每击贯入度在 0.2～5.0 cm；②触探深度一般不超过 12 cm；③触探器质量 M'与落锤质量 M 之比不大于 2。其公式为：

$$q_{\mathrm{d}} = \frac{M}{M + M'} \cdot \frac{MgH}{Ae} \qquad (6\text{-}6)$$

式中：q_d 为动力触探动贯入阻力（MPa）；M 为落锤质量（kg）；M'为触探器（包括探头、触探杆、锤座和导向杆）的质量（kg）；g 为重力加速度（m/s²）；H 为落距（m）；A 为圆锥探头截面积（cm²）；e 为贯入度（cm），$e=D/N$，D 为规定贯入深度，N 为规定贯入深度的击数。

（三）触探曲线

动力触探试验资料应绘制触探击数（或动贯入阻力）与深度的关系曲线。触探曲线可绘成直方图。图 6-2 为动力触探直方图及土层划分。

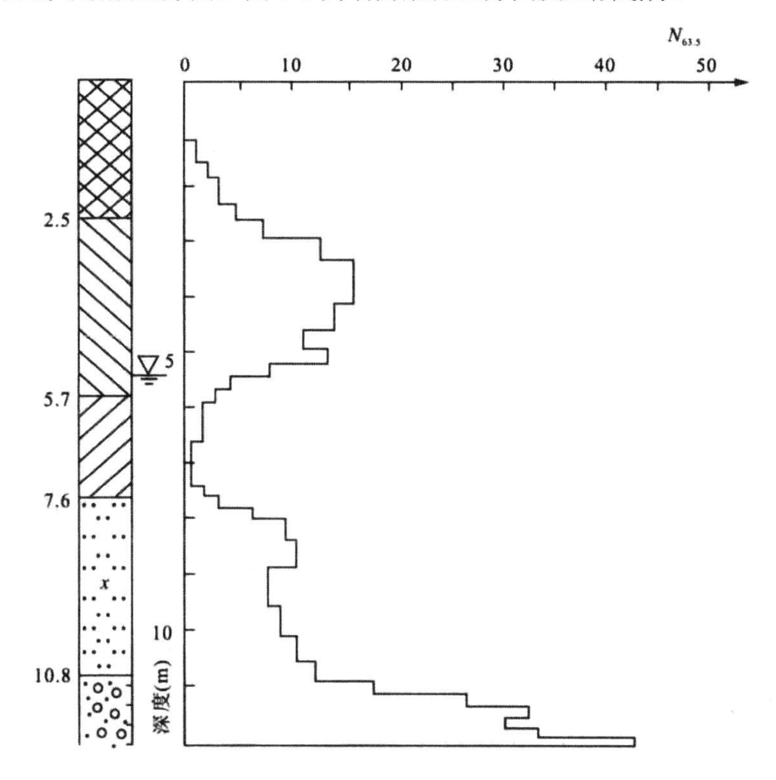

图 6-2　动力触探直方图及土层划分

根据触探曲线的形态，结合钻探资料，可进行土的力学分层。但在进行土的分层和确定土的力学性质时应考虑触探的界面效应，即“超前反应”和“滞后反应”。当触探探头尚未达到下卧土层时，在一定深度以上，下卧土层的影响已经超前反映出来，叫作“超前反应”；当探头已经穿过上覆土层进入下卧土层中时，在一定深度以内，上覆土层的影响仍会有一定反应，这叫作“滞后反应”。

据试验研究，当上覆为硬层、下卧为软层时，对触探击数的影响范围大，超前反应量（一般为0.5～0.7m）大于滞后反应量（一般为0.2m）；上覆为软层、下卧为硬层时，影响范围小，超前反应量（一般为0.1～0.2m）小于滞后反应量（一般为0.3～0.5m）。在划分地层分界线时应根据具体情况做适当的调整：当触探曲线由软层进入硬层时，分层界线可定在软层最后一个小值点以下0.1～0.2m处；当触探曲线由硬层进入软层时，分层界线可定在软层第一个小值点以上0.1～0.2m处。根据各孔分层的贯入指标平均值，可用厚度加权平均法计算场地分层贯入指标平均值和变异系数。

四、试验成果的应用

根据圆锥动力触探试验指标和地区经验，可进行力学分层，评定土的均匀性和物理性质（状态、密实度）、土的强度、变形参数、地基承载力、单桩承载力，查明土洞、滑动面、软硬土层界面，检测地基处理效果等。应用试验成果时是否修正或如何修正，应根据建立统计关系时的具体情况确定。

（一）评价碎石土的密实度

碎石土的密实度可根据圆锥动力触探锤击数来确定（表6-2、表6-3），应对表中的$N_{63.5}$和N_{120}进行修正。当采用重型圆锥动力触探确定碎石土的密实度时，锤击数$N_{63.5}$应按式（6-7）校正：

$$N_{63.5}=\alpha_1 \cdot N'_{63.5} \tag{6-7}$$

式中：$N_{63.5}$为校正后的重型圆锥动力触探锤击数；α_1为校正系数，按规范规定取值；$N'_{63.5}$为实测重型圆锥动力触探锤击数。

当采用超重型圆锥动力触探确定碎石土的密实度时，锤击数N_{120}应按式

（6-8）校正：

$$N_{120}=\alpha_2 \cdot N'_{120} \qquad (6\text{-}8)$$

式中：N_{120}为校正后的超重型圆锥动力触探锤击数；α_2为校正系数（可查表）；N'_{120}为实测超重型圆锥动力触探锤击数。

（二）确定地基土的承载力.

利用圆锥动力触探成果确定地基土的承载力，应根据不同地区的试验成果资料进行必要的统计分析，并建立经验公式后使用。现行国家标准《建筑地基基础设计规范》（GB50007-2011）则重视强调区域性及行业性经验公式的建立，使利用圆锥动力触探成果确定地基土的承载力的方法更加科学、合理。故在实际应用过程中，应结合必要的区域及行业使用成果，统计分析后确定地基土的承载力。

（三）确定抗剪强度和变形模量

（1）依据铁道部第二勘测设计院的研究成果（1988），圆砾、卵石土地基变形模量E_o（MPa）可按式（6-9）或表6-4取值：

$$E_o = 4.48N_{63.5}^{0.7554} \qquad (6\text{-}9)$$

式中：N为锤击数。

表6-4 用动力触探$N_{63.5}$确定圆砾、碎石土的变形模量E_o

击数平均值$\bar{N}_{63.5}$（击）	3	4	5	6	7	8	9	10	12	14
碎石土（MPa）	140	170	200	240	280	320	360	400	470	540
中、粗砾砂（MPa）	120	150	180	220	260	300	340	380		
击数平均值$\bar{N}_{63.5}$（击）	16	18	20	22	24	26	28	30	35	40
碎石土（MPa）	600	660	720	780	830	870	900	930	970	1000

（2）重型动力触探的动贯入阻力q_d与变形模量的关系如式（6-10）、式（6-11）所示。

对于黏性土、粉土：

$$E_o=5.488q_d \qquad (6\text{-}10)$$

对于填土：

$$E_o=10（q_d-0.56） \quad (6-11)$$

式中：E_o为变形模量（MPa）；q_d为动贯入阻力（MPa）。

第二节　标准贯入试验

一、标准贯入试验方法

标准贯入试验方法是动力触探的一种，它是利用一定的锤击动能（重型触探锤重 63.5 kg，落距 76 cm），将一定规格的对开管式的贯入器打入钻孔孔底的土中，再根据打入土中的贯入阻力，判别土层的变化和土的工程性质。贯入阻力用贯入器贯入土中 30 cm 的锤击数 *N* 表示（也称为标准贯入锤击数 *N*）。

标准贯入试验要结合钻孔进行，国内统一使用直径为 42mm 的钻杆，国外也有使用直径为 50mm 的钻杆或 60mm 的钻杆。标准贯入试验的优点在于设备简单，操作方便，土层的适应性广，除砂土外对硬黏土及软土岩也适用，而且贯入器能够携带扰动土样，可直接对土层进行鉴别描述。标准贯入试验适用于砂土、粉土和一般黏性土。

（一）试验仪器设备

标准贯入试验设备基本与重型动力触探设备相同，主要由标准贯入器、触探杆、穿心锤、锤垫及自动落锤装置等组成。所不同的是标准贯入使用的探头为对开管式贯入器，对开管外径为 51±lmm，内径为 35±lmm，长度大于 457mm，下端接长度为 76±lmm、刃角 18°～20°、刃口端部厚 1.6mm 的管靴；上端接一内、外径与对开管相同的钻杆接头，长 152mm。

（二）试验要点

（1）标准贯入试验孔采用回转钻进，并保持孔内水位略高于地下水位。

当孔壁不稳定时，可用泥浆护壁。钻至试验标高以上 15 cm 处，清除孔底残土后再进行试验。

（2）采用自动脱钩的自由落锤法进行锤击，并减小导向杆与锤间的摩阻力，避免锤击时偏心和侧向晃动，保持贯入器、探杆、导向杆连接后的垂直度，锤击速率应小于 30 击/min。

（3）贯入器打入土中 15 cm 后，开始记录每打入 10 cm 的锤击数，累计打入 30 cm 的锤击数为标准贯入试验锤击数 N。当锤击数已达 50 击，而贯入深度未达到 30 cm 时，可记录 50 击的实际贯入深度，按式（6-12）换算成相当于 30 cm 的标准贯入试验锤击数 N，并终止试验。

$$N = 30 \times \frac{50}{\Delta s} \tag{6-12}$$

式中：Δs 为 50 击时的贯入深度（cm）。

（4）拔出贯入器，取出贯入器中的土样进行鉴别描述。

（三）影响因素及其校正

1.触探杆长度的影响

当用标准贯入试验锤击数按规范查表确定承载力或其他指标时，应根据规范规定按式（6-13）对锤击数进行触探杆长度校正：

$$N=\alpha N' \tag{6-13}$$

式中：N 为标准贯入试验锤击数；N'为实测贯入 30 cm 的锤击数；α为触探杆长度校正系数，可按表 6-5 确定。

表 6-5 触探杆长度校正系数

触探杆长度（m）	≤3	6	9	12	15	18	21
校正系数α	1.00	0.92	0.86	0.81	0.77	0.73	0.70

2.土的自重压力影响

20 世纪 50 年代美国 Gibbs 和 Holtz 的研究结果指出，砂土的自重压力（上覆压力）对标准贯入试验结果有很大的影响，同样的击数 N 对不同深度的砂土表现出不同的相对密实度。一般认为标准贯入试验的结果应进行深度影响校正。

美国 Peck 得出砂土自重压力对标准贯入试验的影响为：

$$N=C_N \cdot N' \tag{6-14}$$

$$C_N = 0.77\lg\frac{1960}{\bar{\sigma}_v} \tag{6-15}$$

式中：N 为校正相当于自重压力等于 98 kPa 的标准贯入试验锤击数；N'为实测标准贯入试验锤击数；C_N 为自重压力影响校正系数；$\bar{\sigma}_v$ 为标准贯入试验深度处砂土有效垂直上覆压力（kPa）。

3.地下水的影响

美国 Terzaghi 和 Peck（1953）认为：对于有效粒径 d_{10} 在 0.1～0.05 mm 范围内的饱和粉、细砂，当其密度大于某一临界密度时，贯入阻力将会偏大，相应于此临界密度的锤击数为 15，故在此类砂层中贯入击数 $N'>15$ 时，其有效击数 N 应按式（6-16）校正：

$$N = 15+\frac{1}{2}(N'-15) \tag{6-16}$$

式中：N 为校正后的标准贯入击数；N'为未校正的饱和粉、细砂的标准贯入击数。

二、标准贯入试验成果的应用

（一）成果应用

1.确定地基承载力

国外关于依据标准贯入击数计算地基承载力的经验公式如下所示。

（1）Peck、Hanson 和 Thornburn（1953）的地基承载力的计算公式为：

当 $D_w \geqslant B$ 时

$$f_K = S_a(1.36\bar{N}-3)\left(\frac{B+0.3}{2B}\right)^2+\gamma_2 D \tag{6-17}$$

当 $D_w < B$ 时

$$f_K = S_a(1.36\bar{N}-3)\left(\frac{B+0.3}{2B}\right)^2\left(0.5+\frac{D_w}{2B}\right)+\gamma_2 D \tag{6-18}$$

式中：D_w为地下水离基础底面的距离（m）；f_K为地基土承载力（kPa）；S_a为允许沉降量（cm）；$\bar{N}$为地基土标准贯入锤击数的平均值；B为基础短边宽度（m）；D为基础埋置深度（m）；γ_2为基础底面以上土的重度（kN/m^3）。

（2）Peck 和 Tezaghi 的干砂极限承载力公式为：

条形、矩形基础$f_u=r$（$DN_D+0.5BN_B$）　　（6-19）

方形、圆形基础$f_u=r$（$DN_D+0.4\,BN_B$）　　（6-20）

式中：f_u为极限承载力（kPa）；D为基础埋置深度（m）；B为基础宽度（m）；r为土的重度（kN/m^3）；N_D、N_B为承载力系数，取决于砂的内摩擦角φ。

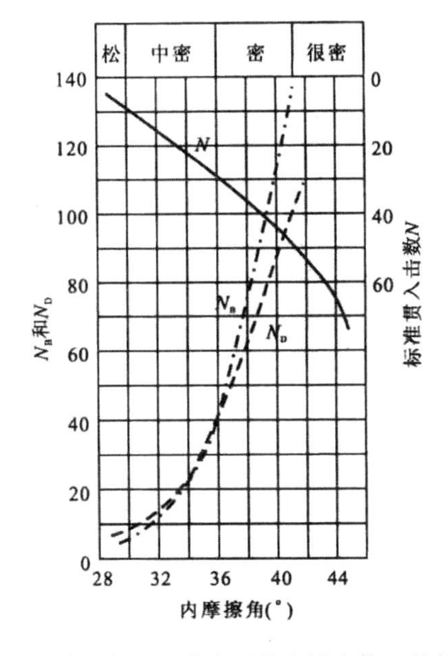

图 6-3　内摩擦角、承载力系数和锤击数 N 值的关系

如图 6-3 所示为标准贯入击数 N 与φ、N_D、N_B的关系，利用这些关系得出的N_D、N_B值，代入上述极限承载力式（6-19）和式（6-20），即可求得砂土地基的极限承载力。

（二）确定黏性土、砂土的抗剪强度和变形参数

1.确定抗剪强度

砂土的标准贯入试验锤击数与抗剪强度指标（C 为抗剪强度，φ为剪切角）的关系如表 6-6、表 6-7 所示。

表 6-6　国外用 N 值推算砂土的剪切角φ（°）

研究者	N				＞50
	＜4	4～10	10～30	30～50	
Peck	＜28.2	28.5～30	30～36	36～41	＞41
Meyerhof	＜30	30～35	35～40	40～45	＞45

注：国外用 N 值推算φ角，再用 Terzaghi 公式推算砂土的极限承载力。

表 6-7　黏性土 N 与 C、φ的关系

N	15	17	19	21	25	29	31
C（kPa）	78	82	87	92	98	103	110
φ（°）	24.3	24.8	25.3	25.7	26.4	27.0	27.3

2.确定土的变形参数 E_o、E_s。

E.Schultze &. H. Menzenbach 提出的经验关系为：

当 $N>15$ 时，$E_s=4.0+C(N-6)$　　（6-21）

当 N＜15 时，$E_s=C(N+6)$　　（6-22）

或　　$E_s=C_1+C_2N$　　（6-23）

式中：E_s 为压缩模量（MPa）；C、C_1、C_2 为系数，由表 6-8、表 6-9 确定。

表 6-8　不同土类的 C 值

土名	含砂粉土	细砂	中砂	粗砂	含砾砂土	含砂砾土
C（MPa/击）	0.3	0.35	0.45	0.7	1.0	1.2

表 6-9　不同土类的 C_1、C_2 值

土名	细砂		砂土	粉质砂土	砂质黏土	松砂
	地下水位以上	地下水位以下				
C_1（MPa/击）	5.2	7.1	3.9	4.3	3.8	2.4
C_2（MPa/击）	0.33	0.49	0.49	1.18.	1.05	0.53

第三节　岩体原位测试

岩体原位测试是在现场制备岩体试件模拟工程作用对岩体施加外荷载，进而求取岩体力学参数的试验方法，是岩土工程勘察的重要手段之一。岩体原位测试的最大优点是对岩体扰动小，尽可能地保持了岩体的天然结构和环境状态，使测出的岩体力学参数直观、准确。其缺点是试验设备笨重、操作复杂、工期长、费用高。另外，原位测试的试件与工程岩体相比，其尺寸还是小得多，所测参数也只能代表一定范围内的力学性质。因此，要取得整个工程岩体的力学参数，必须有一定数量试件的试验数据（用统计方法求得）。这里，我们仅介绍一些常用岩体原位测试方法的基本原理。

一、岩体变形测试

岩体变形测试参数的方法有静力法和动力法两种。静力法的基本原理是：在选定的岩体表面、槽壁或钻孔壁面上施加一定的荷载，并测定其变形，然后绘制出压力变形曲线，计算岩体的变形参数。据其方法不同，静力法又可分为承压板法、狭缝法、钻孔变形法及水压法等。动力法是用人工方法对岩体发射或激发弹性波，并测定弹性波在岩体中的传播速度，然后通过一定的关系式求岩体的变形参数。据弹性波的激发方式不同，又分为声波法和地震法。

承压板法是通过刚性承压板对半无限空间岩体表面施加压力并量测各级压力下岩体的变形，按弹性理论公式计算岩体变形参数的方法。该方法的优点是简便、直观，能较好地模拟建筑物基础的受力状态和变形特征。

狭缝法又称为刻槽法，一般是在巷道或试验平硐底板及侧壁岩面上进行。其基本原理是：在岩面开一狭缝，将液压枕放入，再用水泥砂浆填实；待砂浆达到一定强度后，对液压枕加压；利用布置在狭缝中垂线上的测点量测岩体的变形，进而利用弹性力学公式计算岩体的变形模量。该方法的优点是设备轻便、安装较简单，对岩体扰动小，能适应于各种方向加压，且适合于各类坚硬完整岩体，是目前工程上经常采取的方法之一。它的缺点是当假定条件与实际岩体有一定出入时，将导致计算结果误差较大，而且随测量位置不同测试结果有所不同。

二、岩体强度测试

岩体强度测试所获参数是工程岩体破坏机理分析及稳定性计算不可缺少的，目前主要依据现场岩体力学试验求得。特别是在一些大型工程的详细勘查阶段，大型岩体力学试验占有很重要的地位，是主要的勘察手段。原位岩体强度试验主要有直剪试验、单轴抗压试验和三轴抗压试验等。由于原位岩体试验考虑了岩体结构及其结构面的影响，因此其试验结果较室内岩块试验更符合实际。

岩体原位直剪试验一般在平硐中进行，如在试坑或在大口径钻孔内进行时，则需设置反力装置。其原理是在岩体试件上施加法向压应力和水平剪应力，使岩体试件沿剪切面剪切。直剪试验一般需制备多个试件，并在不同的法向应力作用下进行试验。岩体直剪试验又可细分为抗剪断试验、摩擦试验及抗切试验。

岩体原位三轴试验一般是在平硐中进行的，即在平硐中加工试件，并施加三向压力，使其剪切破坏，然后根据摩尔理论求岩体的抗剪强度指标。

三、岩体应力测试

岩体应力测试，就是在不改变岩体原始应力条件的情况下，在岩体原始的位置进行应力量测的方法。岩体应力测试适用于无水.完整或较完整的均质岩体，分为表面应力测试、孔壁应力测试和孔底应力测试。一般是先测出岩体的应变值，再根据应变与应力的关系计算出应力值。测试的方法有应力解除法和应力恢复法。

应力解除法的基本原理是：岩体在应力作用下产生应变，当需测定岩体中某点的应力时，可将该点的单元岩体与其分离，使该点岩体.上所受的应力解除，此时由应力作用产生的应变即相应恢复，应用一定的量测元件和仪器测出应力解除后的应变值，即可由应变与应力关系求得应力值。

应力恢复法的基本原理是：在岩面上刻槽，岩体应力被解除，应变也随之恢复；然后在槽中埋入液压枕，对岩体施加压力，使岩体的应力恢复至应力解除前的状态，此时液压枕施加的压力即为应力解除前岩体受到的压力。通过量测应力恢复后的应力和应变值，利用弹性力学公式即可解出测点岩体中的应力状态。

四、岩体原位观测

岩体现场简易测试主要有岩体声波测试、岩石点荷载强度试验及岩体回弹捶击试验等几种。其中岩石点荷载强度试验及岩体回弹捶击试验是对岩石进行试验，而岩体声波测试是对岩体进行试验。

岩体声波测试是利用对岩体试件激发不同的应力波，通过测定岩体中各种应力波的传播速度来确定岩体的动力学性质。此项测试有独特的优点：轻便简易、快速经济、测试内容多而且精度易于控制，因此具有广阔的发展前景。

岩石点荷载强度试验是将岩石试件置于点荷载仪的两个球面圆锥压头间，对试件施加集中荷载直至破坏，然后根据破坏荷载求岩石的点荷载强度。此项测试技术的优点是：可以测试岩石试件以及低强度和分化严重岩石的强度。

岩体回弹锤击试验的基本原理是利用岩体受冲击后的反作用，使弹击锤回跳的数值即为回弹值。此值越大，表明岩体弹性越强、越坚硬；反之，说明岩体软弱、强度低。用回弹仪测定岩体的抗压强度具有操作简便及测试迅速的优点，是岩土工程勘察对岩体强度进行无损检测的手段之一。特别是在工程地质测绘中，使用这一方法能较方便地获得岩体抗压强度指标。

第四节　地基土动力参数测

一、地基土动力参数

地基土动力参数有几何参数与计算参数。

1.几何参数

A_0——测试基础底面积；

d_s——试样直径；

h——测试基础高度；

h_1——基础重心至基础顶面的距离；

h_2——基础重心至基础底面的距离；

h_3——基础重心至激振器水平扰力的距离；

h_s——试样高度；

h_t——测试基础的埋置深度；

I——基础底面对通过其形心轴的惯性矩；

I_t——基础底面对通过其形心轴的极惯性矩；

J——基础底面对通过其重心轴的转动惯量；

J_t——基础底面对通过其重心轴的极转动惯量。

2.计算参数

α_z——基础埋深对地基抗压刚度的提高系数；

α_x——基础埋深对地基抗剪刚度的提高系数；

α_φ——基础埋深对地基抗弯刚度的提高系数；

α_ψ——基础埋深对地基抗扭刚度的提高系数；

β_z——基础埋深对竖向阻尼比的提高系数；

$\beta_{x\psi1}$——基础埋深对水平回转向第一振型阻尼比的提高系数；

β_ψ——基础埋深对扭转向阻尼比的提高系数；

δ_0——测试基础的埋深比；

η——与基础底面积及底面静应力有关的换算系数。

二、测试仪器设备

强迫振动测试的激振设备，应符合下列要求。

（1）当采用机械式激振设备时工作频率宜为3～60Hz。

（2）当采用电磁式激振设备时其扰力不宜小于600N。

自由振动测试时，竖向激振可采用铁球，其质量宜为基础质量的1/100～1/150。

传感器宜采用竖直和水平方向的速度型传感器。其通频带应为2～80Hz，阻尼系数应为0.65～0.7，电压灵敏度不应小于30V·s/m，最大可测位移不应小于0.5 mm。

放大器应采用带低通滤波功能的多通道放大器，其振幅一致性偏差应小于3%，相位一致性偏差应小于0.1 ms，折合输入端的噪声水平应低于2 μV，电压增益应大于80 dB。

采集与记录装置应采用多通道数字采集和存储系统，其模转换器（A/D）位数不宜小于12位，幅度畸变应小于1.0 dB，电压增益不宜小于60 dB。

数据分析装置应具有频谱分析及专用分析软件功能，其内存不应小于4 MB，硬盘内存不应小于100 MB，并应具有抗混淆滤波加窗及分段平滑等功能。

仪器应具有防尘防潮性能，其工作温度应在－10～50° C。

测试仪器应每年在标准振动台上进行系统灵敏度系数的标定，以确定灵敏度系数随频率变化的曲线。

三、激振法测试

除桩基外，天然地基和其他人工地基的测试，应提供下列动力参数：①地基抗压、抗剪、抗弯和抗扭刚度系数；②地基竖向和水平回转向第一振型以及扭转向的阻尼比；③地基竖向和水平回转向以及扭转向的参振质量。

桩基应提供下列动力参数：①单桩的抗压刚度；②桩基抗剪和抗扭刚度系数；③桩基竖向和水平回转向第一振型以及扭转向的阻尼比；④桩基竖向

和水平回转向以及扭转向的参振质量。

基础应分别做明置和埋置两种情况的振动测试。对埋置基础，其四周的回填土应分层夯实。

激振法测试时，应具备下列资料：①机器的型号、转速、功率等；②设计基础的位置和基底标高；③当采用桩基时，桩的截面尺寸和桩的长度及间距。

四、强迫振动测试

安装机械式激振设备时，应将地脚螺栓拧紧，在测试过程中螺栓不应松动。

安装电磁式激振设备时，其竖向扰力作用点应与测试基础的重心在同一竖直线上，水平扰力作用点宜在基础水平轴线侧面的顶部。

竖向振动测试时，应在基础顶面沿长度方向轴线的两端各布置一台竖向传感器激振设备及传感器的布置图（图 6-4）。

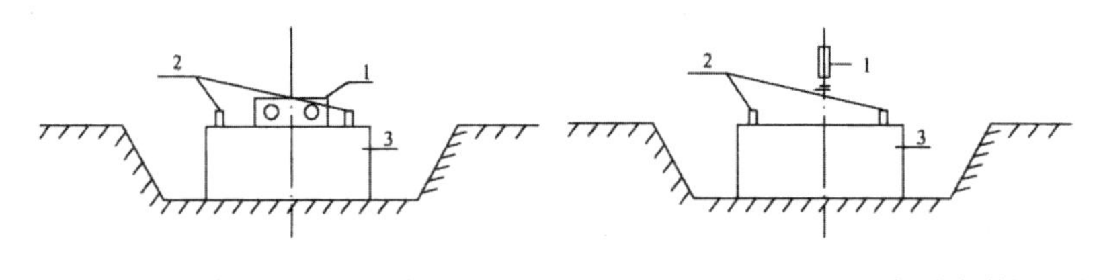

（a）机械式激振设备　　（b）电磁式激振设备

1-激振设备；2-传感器；3-测试基础

图 6-4　激振设备及传感器的布置图

水平回转振动测试时，激振设备的扰力应为水平向，在基础顶面沿长度方向轴线的两端各布置一台竖向传感器，在中间布置一台水平向传感器。

扭转振动测试时，应在测试基础上施加一个扭转力矩，使基础产生绕竖轴的扭转振动。传感器应同相位对称布置在基础顶面沿水平轴线的两端，其水平振动方向应与轴线垂直。

幅频响应测试时，激振设备的扰力频率间隔，在共振区外不宜大于 2Hz，在共振区内应小于 1Hz，共振时的振幅不宜大于 150μm。

输出的振动波形，应采用显示器监视，待波形为正弦波时方可进行记录。

五、自由振动测试

自由振动测试分为竖向自由振动测试和水平回转自由振动测试，前者可采用铁球自由下落，冲击测试基础顶面的中心处，实测基础的固有频率和最大振幅。测试次数不应少于 3 次。

水平回转自由振动的测试，可采用水平冲击测试基础水平轴线侧面的顶部，实测基础的固有频率和最大振幅。测试次数不应少于 3 次。

传感器的布置应与强迫振动测试时的布置相同。

六、地基土动力参数换算

由明置块体基础测试的地基抗压、抗剪抗扭刚度系数以及由明置桩基础测试的抗剪、抗扭刚度系数，用于机器基础的振动和隔振设计时，应进行底面积和压力换算，其换算系数应按式（6-24）计算：

$$\eta = \sqrt[3]{\frac{A_0}{A_d}}\sqrt[3]{\frac{P_d}{P_0}} \tag{6-24}$$

式中：η为与基础底面积及底面静应力有关的换算系数；A_0为测试基础的底面积（m^2）；A_d为设计基础的底面积（m^2），当 $A_d>20m^2$ 时，应取 $A_d=20m^2$；P_0为测试基础底面的静应力（kPa）；P_d为设计基础底面的静应力（kPa），当 $P_d>50$ kPa 时，应取 $P_d=50$ kPa。

七、振动衰减测试

下列情况应采用振动衰减测试。

（1）当设计的车间内同时设置低转速和高转速的机器基础，且需计算低转速机器基础振动对高转速机器基础的影响时。

（2）当振动对邻近的精密设备、仪器、仪表或环境等产生有害的影响时。

振动衰减测试的振源，可采用测试现场附近的动力器、公路交通、铁路等的振动。当现场附近无上述振源时，可采用机械式激振设备作为振源。

当进行竖向和水平向振动衰减测试时，基础应埋置。

振动衰减测试的测点，不应设在浮砂地、草地、松软的地层和冰冻层上。

当进行周期性振动衰减测试时，激振设备的频率除应采用工程对象所受的频率外，还应做各种不同激振频率的测试。

测点应沿设计基础所需的振动衰减测试的方向进行布置。测点的间距在距离基础边缘小于或等于 5m 范围内，宜为 1m；距离基础边缘大于 5m 且小于或等于 15m 范围内，宜为 2m；距离基础边缘大于 15m 且小于 30m 范围内，宜为 5m；距离基础边缘 30m 以外时宜大于 5m。测试半径 r_0 应大于基础当量半径的 35 倍，基础当量半径应按式（6-25）计算：

$$r_0 = \sqrt{\frac{A_0}{\pi}} \tag{6-25}$$

测试时，应记录传感器与振源之间的距离和激振频率。当在振源处进行振动测试时，传感器的布置宜符合下列规定。

（1）当振源为动力机器基础时，应将传感器置于沿振动波传播方向测试的基础轴线边缘上。

（2）当振源为公路交通车辆时，可将传感器置于行车道沿外 0.5m 处。

（3）当振源为铁路交通车辆时，可将传感器置于距铁路轨外 0.5m 处。

（4）当振源为锤击预制桩时，可将传感器置于距桩边 0.3～0.5m 处。

（5）当振源为重锤夯击土时，可将传感器置于夯击点边缘外 1.0 m 处。

数据处理时，应绘制由各种激振频率测试的地面振幅随距振源的距离而变化的 A_r-r 曲线图。

地基能量吸收系数，可按下列计算：

$$a = \frac{1}{f_0} g \frac{1}{r_0 - r} \ln \frac{A_r}{A\left[\frac{r_0}{r}\xi_0 + \sqrt{\frac{r_0}{r}}(1-\xi_0)\right]} \tag{6-26}$$

式中：a 为地基能量吸收系数（s/m）；f_0 为激振频率（Hz）；A 为测试基础的振幅（m）；A_r 为距振源的距离为 r 处的地面振幅（m）；ξ 为无量纲系数，

可按现行国家标准《动力机器基础设计规范》（GB50040）附录 E“地面振动衰减的计算”的有关规定采用。

第五节　土壤氡测试

一、工程分类及相关概念

氡气的危害在于它的不可挥发性。挥发性有害气体可以随着时间的推移，逐渐降低到安全水平，但室内氡气不会随时间的推移而减少。因而，地下住所的氡浓度也就比地面居室高许多，大概为 40 倍。由于无色无味，所以它对人体的伤害也是不知不觉。

土壤氡加剧了室内环境氡污染，因此，许多西方发达国家开展了国土上土壤氡的普遍调查，特别是在城市发展规划地区。测试土壤氡所使用的方法大体相同。截至目前，我国尚未开展普遍的土壤氡调查工作。通过测量土壤中氡气探知地下矿床，是一种经典的探矿方法。原核工业部（现核工业总公司）出于勘察铀矿的需要，一直把测量土壤中的氡浓度作为一种探矿手段使用。在绝对不改变土壤原来状态的情况下，测量土壤中的氡浓度是十分困难的，有些情况下几乎无法实现，这是因为土壤往往黏结牢固，缝隙很小（耕作层、沙土例外），其中存留的空气十分有限，取样测量难以进行。现在发展起来的测量方法，均是在土壤中创造一个空间以集聚氡气，然后放入测量样品（如乳胶片，这样氡衰变的α粒子会在胶片上留下痕迹，从痕迹数目的多少可以推算出土壤中的氡浓度），或者使用专用工具从形成的空洞中抽吸气体样品，再测量样品的放射性强度，以此推断土壤中氡浓度。

二、土壤中氡浓度的测定与分析评价

确定土壤中的氡浓度测试方法主要内容如下。

一般原则：土壤中氢浓度测量的关键是如何采集土壤中的空气。土壤中氡气的浓度一般大于数百贝克/立方米，这样高浓度的测量可以采用电离室法、静电扩散法、闪烁瓶法等进行测量。

测试仪器性能指标要求：①温度为-10～40℃；②相对湿度小于或等于90%；③不确定度小于或等于±20%；④探测下限小于或等于 400Bq/m^3。

测量区域范围应与工程地质勘察范围相同。

工程现场取样布点密一点自然好，可以测得仔细一些，但考虑到以下情况，确定以 10m 网格测量取样。

（1）一般情况下，一块地域内土壤的天然成分不会有大的起伏，按 10m 网格取样应具有代表性。

（2）如果地下有地质构造，其向上扩散氡气应有相当大的范围，一般不会只集中在地面很小一点的地方，因此，按 10m 网格取样应可以发现问题。

（3）在能够满足工作要求的情况下，布点不必过密，尽量减少工作量，以减轻企业负担。据了解，一个熟练人员进行现场取样测量，大体 10 min 可以完成一个测点。一般工程项目，一天内可以完成室外作业。

布点数目不能少于 16 个，主要是考虑到多点取样测量更接近实际，更具有代表性。“布点位置应尽可能地覆盖基础工程范围”这一要求的目的是为了重点了解基础工程范围内，土壤中的氡浓度情况，因为基础工程范围内土壤中的氡对未来建筑物室内氡污染影响最大。

在每个测试点，应采用专用钢钎打孔。孔的直径宜为 20～40mm，孔的深度宜为 600～800mm。成孔情况如何将影响到测量结果。专用钢钎打孔可以保证成孔过程快捷、大小合适，利于专用取样器抽取样品，保持取样条件的一致性。

成孔后，应使用头部有气孔的特制取样器，插入打好的孔中。取样器在靠近地表处应进行密闭，避免大气渗入孔中，然后进行抽气。正式进行现场取样测试前，应通过一系列不同抽气次数的实验，确定最佳抽气次数。这一条是对具体操作过程的要求，主要是为了避免大气混入。成孔后的取样操作要连贯进行，熟练快捷。在现场实际工作中，总要先通过一系列不同抽气次数的实验，观察测量数据的变化，选择并确定最佳抽气次数后，再正式进行取样测试。现场工作人员经多次现场工作后会积累经验，进一步丰富和规范现场操作。

取样测试时间宜在 8：00～18：00，现场取样测试工作不应在雨天进行，如遇雨天，应在雨后 24h 后进行。土壤中的氡浓度随地下水情况、地浊、土壤湿度、密实程度、地表面空气流动等情况变化而变化，因此，为减少外部影响，增加数据的可比性，最好是一个工程项目范围内的取样测试在一天内完成。如遇雨天，由于下雨将改变土壤的多方面情况，应暂停工作，待土壤情况稳定下来（暂按一天一夜后处理），即可开始工作。

现场测试应有记录，记录内容包括测试点布设图、成孔点土壤类别、现场地表状况描述、测试前 24h 以内工程地点的气象状况等。

地表土壤氡浓度测试报告的内容应包括取样测试过程描述、测试方法、土壤氡浓度测试结果等。对现场记录及测试报告提出的若干要求，主要是为了便于对测量结果进行分析和比对研究，保证结果的可靠性。防氡降氡工程的措施要根据地表土壤氡浓度测试结果而定，因此，土壤氡浓度测定事关重大，规范发布执行后，应在工作实践中积累资料，以便在今后的修订中进一步完善补充。

第七章　岩土工程勘察室内试验技术

第一节　岩土样采取技术

工程地质钻探的任务之一是采取岩土试样，这是岩土工程勘察中必不可少的、经常性的工作，通过采取土样，进行土类鉴别，测定岩土的物理力学性质指标，可为定量评价岩土工程问题提供技术指标。

关于试样的代表性，从取样角度来说，应考虑取样的位置、数量和技术方法，以及取样的成本和勘察设计要求，从而必须采用合适的取样技术。本节主要讨论钻孔中采取土样的技术问题，即土样的质量要求、取样方法、取土器以及取样效果的评价等问题。

一、土样质量等级

土样的质量实质上是土样的扰动问题。土样扰动表现在土的原始应力状态、含水量、结构和组成成分等方面的变化，它们产生于取样之前、取样之中以及取样之后直至试样制备的全过程之中。实际上，完全不扰动的真正原状土样是无法取得的。不扰动土样或原状土样的基本质量要求是：①没有结构扰动；②没有含水量和孔隙比的变化；③没有物理成分和化学成分的改变。

由于不同试验项目对土样扰动程度有不同的控制要求，因此我国的《工程岩体试验方法标准》（GB/ T50226-2013）（以下简称《规范》中都根据不同的试验要求来划分土样质量级别。根据试验目的，把土试样的质量分为 4 个等级（表 7-1），并明确规定各级土样能进行的试验项目。表 7-1 中Ⅰ级、

Ⅱ级土样相当于原状土样，但Ⅰ级土样比Ⅱ级土样有更高的要求。表中对4个等级土样扰动程度的区分只是定性的和相对的，没有严格的定量标准。

表7-1　土试样质量等级表

等级	扰动程度	试验内容
Ⅰ	不扰动	土类定名、含水量、密度、强度试验、固结试验
Ⅱ	轻微扰动	土类定名、含水量、密度
Ⅲ	显著扰动	土类定名、含水量
Ⅳ	完全扰动	土类定名

注：①不扰动是指原位应力状态虽已改变，但土的结构、密度和含水量变化很小，能满足室内试验各项要求；②除地基基础设计等级为甲级的工程外，在工程技术要求允许的情况下可用Ⅱ级土试样进行强度和固结试验，但宜先对土试样受扰动程度做抽样鉴定，判别用于试验的适宜性，并结合地区经验使用试验成果。

二、钻孔取土器类型及适用条件

取样过程中，对土样扰动程度影响最大的因素是所采用的取样方法和取样工具。从取样方法来看，主要有两种方法：一是从探井、探槽中直接取样；二是用钻孔取土器从钻孔中采取。目前各种岩土样品的采取主要是采用第二种方法，即用钻孔取土器采样的方法。

（一）取土器的基本技术参数

取土器是影响土样质量的重要因素，对取土器的基本要求是：取土过程中不掉样；尽可能地使土样不受或少受扰动；能够顺利切入土层中，结构简单且使用方便。

由于不同的取样方法和取样工具对土样的扰动程度不同，因此《规范》对于不同等级土试样适用的取样方法和工具做了具体规定，其内容具体见表7-2。表中所列各种取土器大都是国内外常见的取土器，按壁厚可分为薄壁和厚壁两类，按进入土层的方式可分为贯入式和回转式两类。

从表 7-2 中可以看出，对于质量等级要求较低的Ⅲ级、Ⅳ级土样，在某些土层中可利用钻探的岩芯钻头或螺纹钻头以及标贯试验的贯入器进行取样，而不必采用专用的取土器。由于没有黏聚力，无黏性土的取样过程中容易发生土样散落，所以从总体上来讲，无黏性土对取样器的要求比黏性土要高。

取土器的外形尺寸及管壁厚度对土样的扰动程度有着重要的影响，如表 7-3 和表 7-4 所示。

表 7-2　不同质量等级土试样的取样方法和工具

土试样质量等级	取样工具和方法		适用土类										
			黏性土					粉土	砂土				砾砂、碎石土、软岩
			流塑	软塑	可塑	硬塑	坚硬		粉砂	细砂	中砂	粗砂	
Ⅰ	薄壁取土器	固定活塞	++	++	+	−	−	+	+	−	−	−	−
		水压固定活塞	++	++	+	−	−	+	+	−	−	−	−
		自由活塞	−	+	++	−	−	+	+	−	−	−	−
		敞口	+	+	+	−	−	+	+	−	−	−	−
	回转取土器	单动三重管	−	+	++	++	+	++	++	++	−	−	−
		双动三重管	−	−	−	+	++	−	−	−	++	++	+
	探井（槽）中刻取块状土样		++	++	++	++	++	++	++	++	++	++	++
Ⅱ	薄壁取土器	水压固定活塞	++	++	+	−	−	+	+	−	−	−	−
		自由活塞	+	++	++	−	−	+	+	−	−	−	−
		敞口	++	++	++	−	−	+	+	−	−	−	−
	回转取土器	单动三重管	−	+	++	++	+	++	++	++	−	−	−
		双动三重管	−	−	−	+	++	−	−	−	++	++	++
	厚壁敞口取土器		+	++	++	++	++	+	+	+	+	+	−
Ⅲ	厚壁敞口取土器		++	++	++	++	++	++	++	++	++	+	−
	标准贯入器		++	++	++	++	++	++	++	++	++	++	−
	螺纹钻头		++	++	++	++	++	+	−	−	−	−	−
	岩芯钻头		++	++	++	++	++	++	+	+	+	+	+

续表

土试样质量等级	取样工具和方法	适用土类										
		黏性土					粉土	砂土				砾砂、碎石土、软岩
		流塑	软塑	可塑	硬塑	坚硬		粉砂	细砂	中砂	粗砂	
Ⅳ	标准贯入器	++	++	++	++	++	++	++	++	++	++	—
	螺纹钻头.	++	++	++	++	++	+	—	—	—	—	—
	岩芯钻头	++	++	++	++	++	++	++	++	++	++	++

注：①“++”表示适用，“+”表示部分适用，“—”表示不适用；②采取砂土试样应有防止试样失落的补充措施；③有经验时，可采用束节式取土器代替薄壁取土器。

表 7-3　贯入式取土器的技术参数

取土器参数	厚壁取土器	薄壁取土器			束节式取土器	黄土取土器
		敞口自由活塞	水压固定活塞	固定活塞		
面积比 $\frac{D_w^2-D_e^2}{D_e^2}\times100\%$	13～20	≤10	10～13		管靴薄壁段同薄壁取土器，长度不小于内径的3倍	15
内间隙比 $\frac{D_s-D_e}{D_e}\times100\%$	0.5～1.5	0	0.5～1.0			1.5
外间隙比 $\frac{D_w-D_t}{D_t}\times100\%$	0～2.0	0				1.0
刃口角度α（°）	<10	5～10				10
长度L（mm）	400、550	对砂土：（5～10）D_e 对黏性土：（10～15）D_e				
外径D_t（mm）	75～89、108	75、100			50、75、100	127
衬管	整圆或半合管，塑料、酚醛层压纸或镀锌铁皮制成	无衬管，束节式取土器衬管同左			塑料、酚醛层压纸或用环刀	塑料、酚醛层压纸

注：①取样管及衬管内壁必须光滑圆整；②在特殊情况下取土器的直径可增大至150～

250mm；③表中符号为 D_e——取土器刃口内径，D_s——取样管内径（加衬管时为衬管内径），D_t——取样管外径，D_w——取土器管靴外径（对薄壁管 $D_w=D_t$）。

表 7-4　回转型取土器的技术参数

<table>
<tr><th colspan="2">取土器类型</th><th>外径（mm）</th><th>土样直径（mm）</th><th>长度（mm）</th><th>内管超前</th><th>说明</th></tr>
<tr><td rowspan="4">双重管（加内衬管即为三重管）</td><td rowspan="2">单动</td><td>102</td><td>71</td><td rowspan="2">1500</td><td>固定</td><td rowspan="4">直径规格可视材料规格稍作变动，单土样直径不得小于 71mm</td></tr>
<tr><td>140</td><td>104</td><td>可调</td></tr>
<tr><td rowspan="2">双动</td><td>102</td><td>71</td><td rowspan="2">1500</td><td>固定</td></tr>
<tr><td>140</td><td>104</td><td>可调</td></tr>
</table>

（二）贯入式取土器的类型

贯入式取土器可分为敞口取土器和活塞取土器两大类型。敞口取土器按管壁厚度分为厚壁和薄壁两种，活塞取土器则分为固定活塞、水压固定活塞、自由活塞等几种。

1.敞口取土器

敞口取土器是最简单的取土器，其优点是结构简单，取样操作方便。缺点是不易控制土样质量，土样易于脱落。在取样管内加装内衬管的取土器称为复壁敞口取土器，其外管多采用半合管，易于卸出衬管和土样。其下接厚壁管靴，能应用于软硬变化范围很大的多种土类。由于壁厚，面积比可达 30%～40%，对土样扰动大，只能取得Ⅱ级以下的土样。薄壁取土器只用一薄壁无缝管作取样管，面积比降低至 10%以下，可作为采取Ⅰ级土样的取土器。薄壁取土器只能用于软土或较疏松的土取样。土质过硬，取土器易于受损。薄壁取土器内不可能设衬管，一般是将取样管与土样一同封装送到实验室。因此，需要大量的备用取土器，这样既不经济，又不便于携带。现行《规范》允许以束节式取土器代替薄壁取土器。这种束节式取土器是综合了厚壁和薄壁取土器的优点而设计的，其特点是将厚壁取土器下端刃口段改为薄壁管（此段薄壁管的长度一般不应短于刃口直径的 3 倍），以减少对厚壁管面积比 C_a 的不利影响，取出的土样可达到或接近Ⅰ级。

2.活塞取土器

如果在敞口取土器的刃口部装一活塞，在下放取土器的过程中，使活塞与取样管的相对位置保持不变，即可排开孔底浮土，使取土器顺利达到预计取样位置。此后，将活塞固定不动，贯入取样管，土样则相对地进入取样管，但土样顶端始终处于活塞之下，不可能产生凸起变形。回提取土器时，处于土样顶端的活塞即可隔绝上、下水压、气压，也可以在土样与活塞之间保持一定的负压，防止土样失落而又不至于像上提活塞那样出现过分的抽吸。

（三）回转式取土器

贯入式取土器一般只适用于软土及部分可塑状土，对于坚硬、密实的土类则不适用。对于这些土类，必须改用回转式取土器。回转式取土器主要有两种类型。

1.单动二重（三重）管取土器

类似于岩芯钻探中的双层岩芯管，如在内管内再加衬管，则成为三重管，其内管一般与外管齐平或稍超前于外管。取样时外管旋转，而内管保持不动，故称单动。内管容纳土样并保护土样不受循环液的冲蚀。回转式取土器取样时采用循环液冷却钻头并携带岩土碎屑。

2.双动二重（三重）管取土器

所谓双动二重（三重）管取土器是指取样时内管、外管同时旋转，适用于硬黏土、密实的砂砾石土以及软岩。内管回转虽然会产生较大的扰动影响，但对于坚硬密实的土层，这种扰动影响不大。

三、原状土样的采取方法

（一）钻孔中采取原状试样的方法

1.击入法

击入法是用人力或机械力操纵落锤，将取土器击入土中的取土方法。按锤击次数分为轻捶多击法和重捶少击法，按锤击位置又分为上击法和下击法。经过比较取样试验认为：就取样质量而言，重捶少击法优于轻锤多击法，下击法优于上击法。

2.压入法

压入法可分为慢速压入和快速压入两种。

（1）慢速压入法。是用杠杆、千斤顶、钻机手把等加压，取土器进入土层的过程是不连续的。在取样过程中对土试样有一定程度的扰动。

（2）快速压入法。是将取土器快速、均匀地压入土中，采用这种方法对土试样的扰动程度最小。目前普遍使用以下两种：①活塞油压筒法，采用比取土器稍长的活塞压筒通过高压，强迫取土器以等速压入土中；②钢绳、滑车组法，借机械力量通过钢绳、滑车装置将取土器压入土中。

3.回转法

此法系使用回转式取土器取样，取样时内管压入取样，外管回转削切的废土一般用机械钻机靠冲洗液带出孔口。这种方法可减少取样时对土试样的扰动，从而提高取样质量。

（二）探井、探槽中采取原状试样的方法

探井、探槽中采取原状试样可采用两种方式：一种是锤击敞口取土器取样；另一种是人工刻切块状土试样。后一种方法使用较多，因为块状土试样的质量高。

人工采用块状土试样一般应注意以下几点。

（1）避免对取样土层的人为扰动破坏，开挖至接近预计取样深度时，应留下 20～30 cm 厚的保护层，待取样时再细心铲除。

（2）防止地面水渗入，井底水应及时抽走，以免浸泡。

（3）防止暴晒导致水分蒸发，坑底暴露时间不能太长，否则会风干。

（4）尽量缩短切削土样的时间，及早封装。

块状土试样可以切成圆柱状和方块状。也可以在探井、探槽中采取“盒状土样”，这种方法是将装配式的方形土样容器放在预计取样位置，边修切、

边压入，从而取得高质量的土试样。

四、钻孔取样操作要求

土样质量的优劣，不仅取决于取土器具，还取决于取样全过程的各项操作是否恰当。

（一）钻进要求

钻进时应力求不扰动或少扰动预计取样处的土层。为此应做到以下几点。

（1）使用合适的钻具与钻进方法。一般应采用较平稳的回转式钻进。当采用冲击、振动、水冲等方式钻进时，应在预计取样位置 1m 以上改用回转钻进。在地下水位以上一般应采用干钻方式。

（2）在软土、砂土中宜用泥浆护壁。若使用套管护壁，应注意旋入套管时管靴对土层的扰动，且套管底部应限制在预计取样深度以上大于 3 倍孔径的距离。

（3）应注意保持钻孔内的水头等于或稍高于地下水位，以避免产生孔底管涌，在饱和粉、细砂土中尤应注意。

（二）取样要求

《规范》规定：在钻孔中采取 I ～ II 级砂样时，可采用原状取砂器，并按相应的现行标准执行。在钻孔中采取 I ～ II 级土试样时，应满足下列要求。

（1）在软土、砂土中宜采用泥浆护壁。如使用套管，应保持管内水位等于或稍高于地下水位，取样位置应低于套管底 3 倍孔径的距离。

（2）采用冲洗、冲击、振动等方式钻进时，应在预计取样位置 1m 以上改用回转钻进。

（3）下放取土器前应仔细清孔，清除扰动土，孔底残留浮土厚度不应大于取土器废土段长度（活塞取土器除外）。

（4）采取土试样宜用快速静力连续压入法。

（5）具体操作方法应按现行标准《原状土取样技术标准》（JGJ/T 87-2012）执行。

（三）土试样封装、储存和运输

对于Ⅰ～Ⅲ级土试样的封装、储存和运输，应符合下列要求。

（1）取出土试样应及时妥善密封，以防止湿度变化，严防暴晒或冰冻。

（2）土样运输前应妥善装箱、填塞缓冲材料，运输过程中避免颠簸。对于易振动液化、灵敏度高的试样宜就近进行试验。

（3）土样从取样之日起至开始试验前的储存时间不应超过3周。

第二节　岩土样的鉴别

岩土样的鉴别即对岩土样进行合理的分类，是岩土工程勘察和设计的基础。从工程的角度来说，岩土分类就是系统地把自然界中不同的岩土分别根据工程地质性质的相似性划分到各个不同的岩土组合中去，以使人们有可能依据同类岩土一致的工程地质性质去评价其性质，或提供人们一个比较确切的描述岩土的方法。

一、分类的目的、原则和分类体系

土的分类体系就是根据土的工程性质差异将土划分成一定的类别，目的在于通过通用的鉴别标准，便于在不同土类间做有价值的比较、评价、积累以及开展学术与经验的交流。分类原则如下：①分类要简明，既要能综合反映土的主要工程性质，又要测定方法简单，使用方便；②土的分类体系所采用的指标要在一定程度上反映不同类工程用土的不同特性。

岩体的分类体系有以下两类。

（一）建筑工程系统分类体系

建筑工程系统分类体系侧重作为建筑地基和环境的岩土，例如：《建筑地基基础设计规范》（GB50007—2011）地基土分类方法、《岩土工程勘察规范》（GB50021—2001）岩土的分类。

（二）工程材料系统分类体系

工程材料系统分类体系侧重把土作为建筑材料，用于路堤、土坝和填土地基工程，研究对象为扰动土。例如：《土工程分类标准》（GB/T50145—2007）工程用土的分类和《公路土工试验规程》JTG E40—2007）工程用土的分类。

二、分类方法

（一）岩石的分类和鉴定

在进行岩土工程勘察时，应鉴定岩石的地质名称和风化程度，并进行岩石坚硬程度、岩体结构、完整程度和岩体基本质量等级的划分。

（1）岩石按成因可划分为岩浆岩、沉积岩、变质岩等类型。

（2）岩石质量指标（RQD）是用直径为 75 mm 的金刚石钻头和双层岩芯管在岩石中钻进，连续取芯，回次钻进所取岩芯中，长度大于 10 cm 的岩芯段长度之和与该回次进尺的比值，以百分数表示（表 7-5）。

表 7-5　岩石质量指标的划分表

岩石质量指标	好	较好	比较差	差	极差
RQD	＞90%	75%～90%	50%～75%	25%～50%	25%

（3）岩石按风化程度可划分为 6 个级别，如表 7-6 所示。

表 7-6　岩石按风化程度分类

风化程度	野外特征	风化程度参数指标	
		波速比 K_v	风化系数 K_f
未风化	岩质新鲜，偶见风化痕迹	0.9～1.0	0.9～1.0.
微风化	结构基本未变，仅节理面有渲染，或略有变形，有少量风化痕迹	0.8～0.9	0.8～0.9
中等风化	结构部分变化，沿节理有次生矿物，风化裂隙发育，岩体被切割成岩块。用镐难挖，用岩芯钻进方可钻进	0.6～0.8	0.4～0.8
强风化	结构大部分被破坏，矿物部分显著变化，风化裂隙很发育，岩体破碎。可用镐挖，干钻不易钻进	0.4～0.6	＜0.4
全风化	结构基本破坏，但尚可确认，有残余结构强度，可用镐挖，干钻可钻进	0.2～0.4	—
残枳土	组织结构全部破坏，已风化成土状，镐易挖掘，干钻易钻进，具有可塑性	＜0.2	—

注：①波速比为风化岩石与新鲜岩石压缩波速度之比；②风化系数为风化岩石与新鲜岩石饱和单轴抗压强度之比；③岩石风化程度，除按表列特征和定量指标划分外，也可根据当地经验划分；④花岗岩类岩石，可采用标准贯入试验划分为强风化、全风化；⑤泥岩和半成岩，可不进行风化程度划分。

（4）岩体按结构可分为五大类（表 7-7）。

表 7-7　岩体按结构类型划分

<table>
<tr><th>岩体结构类型</th><th>岩体地质类型</th><th>结构面形状</th><th>结构面发育情况</th><th>岩体工程特征</th><th></th></tr>
<tr><td>整体状结构</td><td>巨块状岩浆岩和变质岩、巨厚层沉积岩</td><td>巨块状</td><td>以层面和原生、构造节理为主，多呈闭合性，间距大于 1.5m，一般为 1～2 组，无危险结构面</td><td>岩体稳定，可视为均质弹性各向同性体</td><td rowspan="2">局部滑动或坍塌，深埋洞室的岩爆</td></tr>
<tr><td>块状结构</td><td>厚层状沉积岩、块状沉积岩和变质岩</td><td>块状柱状</td><td>有少量贯穿性节理裂隙，节理面间距 0.7～1.5m，一般有 2～3 组，有少量分离体</td><td>结构面相互牵制，岩体基本稳定，接近弹性各向同性体</td></tr>
<tr><td>层状结构</td><td>多韵律薄层、中厚层状沉积岩，副变质岩</td><td>层状板状</td><td>有层理、片理、节理，常有层间错动带</td><td>变形和强度受层面控制，可视为各向异性弹塑性体，稳定性较差</td><td>可沿结构面滑塌，软岩可产生塑性变形</td></tr>
<tr><td>碎裂结构</td><td>构造影响严重的破碎岩层</td><td>碎块状</td><td>断层、节理、片理、层理发育，结构面间距 0.25～0.50m，一般有 3 组以上，有许多分离体</td><td>整体强度较低，并受软弱结构面控制，呈弹塑性体，稳定性差</td><td>易发生规模较大的岩体失稳，地下水加剧失稳</td></tr>
<tr><td>散体状结构</td><td>断层破碎带、强风化及全风化带</td><td>碎屑状</td><td>构造和风化裂隙密集，结构面错综复杂，多充填黏性土，形成无序小块和碎屑</td><td>完整性遭极大破坏，稳定性极差，接近松散介质</td><td>易发生规模较大的岩体失稳，地下水加剧失稳</td></tr>
</table>

（5）岩石坚硬程度、岩体完整程度和岩体基本质量等级的划分，应分别按表 7-8～表 7-12 执行。

表 7-8　岩石的坚硬程度等级定性划分

名称		定性鉴定	代表性岩石
硬质岩	坚硬岩	捶击声清脆，有回弹，震手，难击碎，基本无吸水反应	未风化—微风化的花岗岩、闪长岩、辉绿岩、玄武岩、安山岩、片麻岩、石英岩、石英砂岩、硅质砾岩、硅质石灰岩等
	较坚硬岩	捶击声较清脆，有轻微回弹，稍震手，较难击碎，有轻微吸水反应	弱风化的坚硬岩，未风化—微风化的凝灰岩、大理岩、板岩、白云岩、石灰岩、钙质胶结砂岩等
软质岩	较软岩	捶击声不清脆，无回弹，较易击碎，浸水后，指甲可刻出指痕	强风化坚硬岩，弱风化较坚硬岩；未风化—微风化的千枚岩、页岩等
	软岩	捶击声哑，无回弹，有凹痕，易击碎，浸水后，手可掰开	强风化坚硬岩，弱风化—强风化的较坚硬岩，弱风化较软岩，微风化的泥岩
	极软岩	捶击声哑，无回弹，有较深凹痕，手可捏碎，浸水后，手可捏成团	全风化的各种岩石，各种未成岩；

表 7-9　岩石坚硬程度的定量分类

坚硬程度类别	坚硬岩	较硬岩	较软岩	软岩	极软岩
饱和单轴抗压强度 f_{rk}（MPa）	$f_{rk}>60$	$30<f_{rk}\leqslant 60$	$15<f_{rk}\leqslant 30$	$5<f_{rk}\leqslant 15$	$f_{rk}\leqslant 5$

表 7-10　岩体的完整性程度等级定性划分

名称	结构面发育程度		主要结构面的结合程度	主要结构面类型	相应结构面类型
	组数	平均间距（m）			
完整	1～2	＞1.0	结合好或结合一般	裂隙、层面	整体状或厚层状结构
较完整	1～2	＞1.0	结合差	裂隙、层面	块状或厚层状结构
	2～3	1.0～0.4	结合好或一般		块状结构
较破碎	2～3	1.0～0.4	结合差	裂隙、层面、小断层	镶嵌碎裂结构
	≥3	0.4～0.2	结合好		中、薄层状结构
			结合一般		裂隙块状结构
破碎	≥3	0.4～0.3	结合差	各种类型结构面	裂隙块状结构
		≤0.2	结合一般或结合差		碎裂状结构
极破碎	无序		结合很差		散体状结构

表 7-11　岩体的完整性程度等级定量划分

完整程度等级	完整	较完整	较破碎	破碎	极破碎
完整性系数	＞0.75	0.75～0.55	0.55～0.35	0.35～0.15	＜0.15

注：完整性系数为岩体压缩波速度与岩块压缩波速度之比的平方，选定岩体和岩块测定波速时应注意代表性。

表 7-12　岩体基本质量等级的划分

完整程度 / 坚硬程度	完整	较完整	较破碎	破碎	极破碎
坚硬岩	I	II	III	VI	V
较坚硬岩	II	III	IV	VI	V
较软岩	III	IV	IV	V	V
软岩.	IV	IV	V	V	V
极软岩	V	V	V	V	V

（二）地基土的分类和鉴定

地基土的分类可按沉积时代、地质成因、有机质含量及土粒大小、塑性指数划分为如下几类。

1.按沉积时代划分

晚更新世 Qp_3 及其以前沉积的土，应定为老沉积土；第四纪全新世中近期沉积的土，应定为新近沉积土。

2.根据地质成因

据地质成因可划分为残积土、坡积土、洪积土、冲积土、淤积土、冰积土和风积土等。

3.根据有机质含量分类

根据有机质含量分类，应按表 7-13 执行。

4.根据土粒大小、土的塑性指数分类

根据土粒大小、土的塑性指数可把地基土分为碎石土、砂土、粉土和黏性土四大类。

（1）碎石土的分类。粒径大于 2mm 的颗粒含量超过全重 50%的土称为碎石土（表 7-14）。

（2）砂土的分类。粒径大于 2mm 的颗粒含量不超过全重 50%的土，且粒径大于 0.075 mm 的颗粒含量超过全重 50%的土称为砂土（表 7-15）。

表 7-13　地基土根据有机质含量的分类

分类名称	有机质含量 W_{u}（%）	现场鉴定特征	说明
无机土	$W_{u}<5\%$		
有机质土	$5\%\leqslant W_{u}\leqslant 10\%$	深灰色，有光泽，味臭，除腐殖质外尚含有少量未完全分解的动植物体，浸水后水面出现气泡，干燥后体积收缩	①如现场能鉴定或有地区经验时，可不做有机质含量测定； ②当 $W>W_{L}$，$1.0\leqslant e<1.5$ 时称为淤泥质土； ③当 $W>W_{L}$，$e\geqslant 1.5$ 时称为淤泥

续表

分类名称	有机质含量 W_u（%）	现场鉴定特征	说明
泥炭质土	10%＜W_u≤60%	深灰色或黑色，有腥臭味，能看到未完全分解的植物结构，浸水体胀，易崩解，有植物残渣浮于水中，干缩现象明显	可根据地区特点和需要，按 W_u 细分为： 弱泥炭质土（10%＜W_u≤25%） 中泥炭质土（25%＜W_u≤40%） 强泥炭质土（40%＜W_u≤60%）
泥炭	W_u＞60%	除有泥炭质土特征之外，结构松散，土质很轻，暗无光泽，干缩现象极为明显	

表 7-14　碎石土的分类

土的名称	颗粒形状	颗粒级配
漂石	以圆形及亚圆形为主	粒径大于 200mm 的颗粒含量超过全重的 50%
块石	以棱角形为主	
卵石	以圆形及亚圆形为主	粒径大于 20mm 的颗粒含量超过全重的 50%
碎石	以棱角形为主	
圆砾	以圆形及亚圆形为主	粒径大于 2mm 的颗粒含量超过全重的 50%
角砾	以棱角形为主	

注：定名时应根据颗粒级配由大到小以最先符合者确定。

表 7-15　砂土的分类

土的名称	颗粒级配
砾砂	粒径大于 2mm 的颗粒含量占全重的 25%～50%
粗砂	粒径大于 0.5 mm 的颗粒含量超过全重的 50%
中砂	粒径大于 0.25 mm 的颗粒含量超过全重的 50%
细砂	粒径大于 0.075 mm 的颗粒含量超过全重的 85%
粉砂	粒径大于 0.075 mm 的颗粒含量超过全重的 50%

注：定名时应根据颗粒级配由大到小以最先符合者确定。

（3）粉土的分类。粒径大于 0.075 mm 的颗粒含量超过全重的 50%，且塑性指数 I_P≤10 的土称为粉土。

（4）黏性土的分类。粒径大于 0.075 mm 的颗粒含量不超过全重的 50%，且塑性指数 I_P＞10 的土称为黏性土。黏性土根据塑性指数细分（表 7-16）。

表 7-16　黏性土的分类

土的名称	塑性指数
黏土	$I_P>17$
粉质黏土	$10<I_P\leq 17$

注：塑性指数由相应于 76 g 圆锥体沉入土样中深度为 10mm 测定的液限计算而得。

（5）特殊土的分类。对特殊成因和年代的土类应结合其成因和年代特征定名，特殊性土除应描述上述相应土类规定的内容外，尚应描述其特殊成分和特殊性质，如对淤泥尚需描述嗅味，对填土尚需描述物质成分、堆积年代、密实度和厚度的均匀程度等。

6.土的密实度鉴定

（1）碎石土的密实度可根据圆锥动力触探锤击数按表 7-17 或表 7-18 确定，表中的 $N_{63.5}$ 和 N_{120} 应进行杆长修正。定性描述可按表 7-19 的规定执行。

表 7-17　碎石土密实度按 $N_{63.5}$ 分类

重型动力触探捶击数 $N_{63.5}$	密实度	重型动力触探捶击数 $N_{63.5}$	密实度
$N_{63.5}\leq 5$	松散	$10<N_{63.5}\leq 20$	中密
$5<N_{63.5}\leq 10$	稍密	$N_{63.5}>20$	密实

注：本表适用于平均粒径小于或等于 50mm，且最大粒径小于 100mm 的碎石土，对于平均粒径大于 50mm，或最大粒径大于 100mm 的碎石土，可用超重型动力触探或野外观察鉴别。

表 7-18　碎石土密实度按 N_{120} 分类

重型动力触探捶击数 N_{120}	密实度	重型动力触探捶击数 N_{120}	密实度
$N_{120}\leq 3$	松散	$11<N_{120}\leq 14$	密实
$3<N_{120}\leq 6$	稍密	$N_{120}>14$	很密
$63<N_{120}\leq 11$	中密		

表 7-19　碎石土密实度野外鉴别

密实度	骨架颗粒含量和排列	可挖性	可钻性
松散	骨架颗粒含量小于总质量，排列混乱，大部分不接触	锹镐可以挖掘，井壁易坍塌，从井壁取出大颗粒后，立即崩落	钻进较易，钻杆稍有跳动，孔壁易坍塌
中密	骨架颗粒含量等于总质量，呈交错排列，大部分接触	锹镐可以挖掘，井壁有掉块现象，从井壁取出大颗粒处，能保持凹面形状	钻进较困难，钻杆、吊锤跳动不剧烈，孔壁有坍塌现象
密实	骨架颗粒含量大于总质量，呈交错排列，连续接触	锹镐挖掘困难，用撬棍方能松动，井壁较稳定	钻进困难，钻杆、吊锤跳动不剧烈，孔壁较稳定

注：密实度应按表列各项特征综合确定。

（2）砂土的密实度应根据标准贯入试验锤击数实测值 N 划分为密实、中密、稍密和松散，并应符合表 7-20 的规定。当用静力触探探头阻力划分砂土密实度时，可根据当地经验确定。

表 7-20　砂土密实度分类

标准贯入捶击数 N	密实度	标准贯入捶击数 N	密实度
$N \leq 10$	松散	$105 < N \leq 30$	中密
$10 < N \leq 15$	稍密	$N > 30$	密实

（3）粉土的密实度应根据孔隙比 e 划分为密实、中密和稍密。其湿度应根据含水量ω（%）划分为稍湿、湿、很湿。密实度和湿度的划分应分别符合表 7-21 和表 7-22 的规定。

表 7-21　粉土密实度分类

孔隙比 e	密实度
$e < 0.75$	密实
$0.75 \leq e \leq 0.90$	中密
$e > 0.90$	稍密

表 7-22　粉土湿度分类

含水量ω（%）	湿度
ω<20	稍湿
20≤ω≤30	湿
ω>30	很湿

（4）黏性土的状态应根据液性指数 I_L 划分为坚硬、硬塑、可塑、软塑和流塑，并符合表 7-23 的规定。

表 7-23　黏性土的状态分类

液性指数	状态	液性指数	状态
I_L≤0	坚硬	0.75<I_L≤1	软塑
0<I_L≤0.25	硬塑	I_L>1	流塑
0.25<I_L≤0.75	可塑		

第三节　室内制样

一、概述

土样的制备是获得正确试验成果的前提。为保证试验成果的可靠性以及试验数据的可比性，应严格按照规程要求的程序进行制备。

土样制备可分为原状土和扰动土的制备。本试验主要讲扰动土的制备。扰动土的制备程序则主要包括取样、风干、碾散、过筛、制备等，这些程序步骤的正确与否，都会直接影响到试验成果的可靠性。土样的制备都融合在今后的每个试验项目中。

二、试样制备所需的主要设备仪器

（1）细筛。孔径 0.5 mm、2 mm。

（2）洗筛。孔径 0. 075 mm。

（3）台秤和天平。称量 10 kg，最小分度值 5 g；称量 5000 g，最小分度值 1 g；称量 1000 g，最小分度值 0.5 g；称量 500 g，最小分度值 0.1 g；称量 200 g，最小分度值 0.01 g。

（4）环刀。不锈钢材料制成，内径 61.8 mm 和 79.8 mm，高 20 mm；内径 61.8 mm，高 40 mm。

（5）击样器。

（6）压样器。

（7）其他包括切土刀，钢丝锯、碎土工具、烘箱、保湿缸、喷水设备等。

三、原状土试样的制备

（1）将土样筒按标明的上、下方向放置，剥去蜡封和胶带，开启土样筒取出土样。检查土样结构，当确定土样已受扰动或取土质量不符合规定时，不应制备力学性质试验的试样。

（2）根据试验要求用环刀切取试样时，应在环刀内壁涂一薄层凡士林，刃口向下放在土样上，将环刀垂直下压，并用切主刀沿环刀外侧切削土样，边压边削至土样高出环刀。根据试样的软硬采用钢丝锯或切土刀整平环刀两端土样，擦净环刀外壁，称环刀和土的总质量。

（3）从余土中取代表性试样，供测定含水率、相对密度、颗粒分析、界限含水率等试验时使用。

（4）切削试样时，应对土样的层次、气味、颜色、夹杂物、裂缝和均匀性进行描述，对低塑性和高灵敏度的软土，制样时不得扰动。

四、扰动土试样的备样

（1）将土样从土样筒或包装袋中取出，对土样的颜色、气味、夹杂物和土类及均匀程度进行描述，并将土样切成碎块，拌和均匀，取代表性土样测定含水率。

（2）对均质和含有机质的土样，宜采用天然含水率状态下代表性土样，供颗粒分析、界限含水率试验。对非均质土应根据试验项目取足够数量的土样，置于通风处凉干至可碾散为止。对砂土和进行相对密度试验的土样宜在105～110℃温度下烘干，对有机质含量超过5%的土、含石膏和硫酸盐的土，应在65～70℃温度下烘干。

（3）将风干或烘干的土样放在橡皮板上用木碾碾散，对不含砂和砾的土样，可用碎土器碾散（碎土器不得将土粒破碎）。

（4）对分散后的粗粒土和细粒土，根据试验要求过筛：对于物理性试验土样，如液限、塑限缩限等试验，过0.5 mm筛；对于力学性试验土样，过2 mm筛；对于击实试验土样，过5 mm筛。对含细粒土的砾质土，应先用水浸泡并充分搅拌，使粗细颗粒分离后按不同试验项目的要求进行过筛。

五、扰动土试样的制样

（1）试样的数量视试验项目而定，应有备用试样1～2个。

（2）将碾散的风干土样通过孔径2 mm或5 mm的筛，取筛下足够试验用的土样，充分拌匀，测定风干含水率，装入保湿缸或塑料袋内备用。

（3）根据试验所需的土量与含水率，制备试样所需的加水量应按式（7-1）计算：

$$m_{\mathrm{w}}=\frac{m_0}{1+0.01\omega_0}\times0.01(\omega_1-\omega_0) \tag{7-1}$$

式中：m_{w}为制备试样所需的加水量（g）；m_0为湿土（或风干土）质量（g）；ω_0为湿土（或风干土）含水率（%）；ω_1为制备要求的含水率（%）。

（4）称取过筛的风干土样平铺于搪瓷盘内，将水均匀喷洒于土样上，充分拌匀后装人盛土容器内盖紧，润湿一昼夜，砂土的润湿时间可酌减。

（5）测定润湿土样不同位置处的含水率，不应少于两点，每组试样的含水率与要求含水率之差不得大于±1%。

（6）根据环刀容积及所需的干密度，制样所需的湿土量应按式（7-2）计算：

$$m_0=(1+0.01\omega_0)\rho_d v \quad (7\text{-}2)$$

式中：ρ_d为试样所要求的干密度（g/cm^3）；v为试样体积（cm^3）。

（7）扰动土制样可采用击样法和压样法。

击样法：将根据环刀容积和要求干密度所需质量的湿土倒入装有环刀的击样器内，击实到所需密度。

压样法：将根据环刀容积和要求干密度所需质量的湿土倒入装有环刀的压样器内，以静压力通过活塞将土样压紧到所需密度。

（8）取出带有试样的环刀，称环刀和试样的总质量，对不需要饱和且不立即进行试验的试样，应存放在保湿器内备用。

第八章　岩土工程勘察质量控制与评价

第一节　基础概念与理论

一、质量控制概念与理论

（一）质量控制概念

中华人民共和国国家标准<质量管理体系基础和术语>（GB/T19000-2008）中质量控制定义为"质量管理的一部分，致力于满足质量要求"。进行质量控制的目的就是要保证项目质量符合利益相关者要求标准。质量控制的范围包括项目生命周期内每个阶段和质量产生的各个环节。质量控制内容包含专业技术与管理方法两个层面，质量控制遵循预防为主和检验监督的方针。质量控制需要对影响质量的主要因素人、机、材、法、环进行控制，同时对活动产生的成果采取验证措施；质量控制对项目中让谁作（who），什么时间作（when），什么地点作（where），为什么作（why），作什么（what），如何作（how）提出明确规定，并在进行过程中采取监控措施。

项目不同阶段的工作内容不同，质量控制的重点也不同。按照项目阶段不同划分为：项目决策阶段的质量控制、项目设计阶段的质量控制、项目实施阶段的质量控制、项目收尾阶段的质量控制。

（二）WBS 工作分解结构

在 PMAOK 中 WBS 被定义为项目范围管理的工具，其目的是把项目工作分解成为更小、更易操作的工作单元。把经过划分的具有固定类别的工作单元派发给项目组专业的员工或团队，随着整体项目有序划分不断深入，项目的工作分解结构也就逐步产生了。现在大多数针对工程项目管理的理论与方法的探讨与工作分解结构是密切相关的，项目成员制定的 WBS 是否准确全面的包含了项目的工作范围与内容，在工程项目的质量控制方面起到了非常重要作用，随着项目管理理论和方法逐步成熟加强，WBS 工作分解结构理论在质量控制中的作用逐步增强。

WBS 的主要工作步骤如下所示：

（1）从项目合同书及其相关文件中提取项目主要内容；

（2）结合工程项目需求，进行团队成员建设，确定项目负责人，在项目负责人的指挥管理下对项目进行系统研究，从而制定出科学合理的工作分解方案；

（3）按照分解的具体结果制作 WBS 的层次结构图，同时形成方便管理与验收的成果工作包；

（4）检验工程项目分解结果，使分解的项目元素科学合理；

（5）根据工程项目的进度、变更等及时采取应对措施，适时对工程项目分解成果进行完善，保证包含工程项目的所有工作模块。

（三）三阶段控制原理

从整个工程项目的宏观层面而言，三阶段质量控制体现为事前控制、事中控制、事后控制三个阶段：

（1）事前控制：一是强调质量目标的计划预控，预先筹备周密的施工质量计划。二是按质量计划做好准备工作，对影响工程质量的因素进行预控。

（2）事中控制：一方面要对质量产生阶段的行为进行管理，就是在质量产生过程中对具体的工作人员依照具体规定对其活动进行管束，最大程度的展现员工的技术水准与责任感，在完成工作的同时实现计划的质量目标；另一方面是利用监督的方式对质量产生阶段行为与成果进行控制，包括企业内部的检查和外部监理单位以及政府有关单位的检查控制。

（3）事后控制：关键点是对质量产生的结果的评价和对质量偏差的整改两方面。因为在主观因素与客观因素的影响下，经过事先控制与事中控制后目标结果没有达到理想的满意度，因此当质量实际值与目标值之差不在允许范围内时，需要识别影响因素，通过纠正方案调整工程质量到合格状态。

二、质量评价方法

（一）层次分析法

层次分析法（Analytic Hier Archy process.AHP），是美国运筹学教授 T. L.Saaty 在 1970 年左右研究出的一种简单、有效、适用范围广的多因素判断模型，结合工程项目特点和目标要求提炼出项目评价指标，按照评价指标的内在联系进行层次化分类，构建层次评价模型结构，按照逐层评价的方式，直至得到最底层指标相对目标层的权重值。层次分析法的主要工作步骤如下：

（1）分析归纳工程项目的评价因素，构建其相关评价模型；

（2）对比两个评价指标间的重要性，邀请权威从业人员对评价指标权重按照 1-9 的标准进行对比量化打分；

（3）层次单排序及一致性检验，计算出同一层所有的评价因素较上一层对应因素的相对权重，并按照结果重要性进行排序；

（4）层次总排序及一致性检验，计算出评价因素结构模型中最底层的因素对目标层的相对权重，借助从上至下的方式逐层分析获得总排序。

（二）模糊综合评价法

模糊综合评价法是建立在隶属度理论的基础上形成的，把抽象的定性问题通过定量方式分析，结合数理统计的理论，对在多种因素共同影响下的项目实施综合分析的评价方法。模糊综合评价法在实际使用时具有强大的系统性，结合实际工程项目把部分复杂的定性难题进行定量化的研究，并且能够广泛应用于其它非定性的难题。下文将借助模糊综合评价法对岩土工程勘察项目进行过程中的质量管理的结果进行剖析评估。在研究过程中，首先对全部复杂定性的评价指标按照准则进行量化赋值，再对问题展开全面系统的剖析，排除了单一层次的错误评价对整体评价结果产生的不良影响。具体操作步骤如下：

（1）确定模糊评价的评价指标和评价等级

（2）确定评价指标的权重集

（3）确定模糊关系矩阵

（4）模糊综合评价结果向量的整合

（5）模糊综合评价结果向量的分析

第二节　岩土工程勘察质量影响因素分析

一、岩土工程勘察面临的问题

本节主要从《岩土工程勘察规范》、专业技术、控制管理三个方面对岩土工程勘察面临的问题展开了分析。

（一）《岩土工程勘察规范》需要修订和完善

打造高质量的工程项目，健全的工程建设项目标准体系是基础，科学合理的技术规范是支撑。特别是发达国家，通过实施一系列全面合理的建设技术规范使建设市场规范化，目前我国针对岩土行业实施的规范是国家市场监督管理总局于 2009 年 9 月出版的《岩土工程勘察规范 GB500212001》。具体的实施时间推至 2002 年 3 月 1 日，距现在将近二十年。虽然以上规范参考借鉴了国外部分国家的规范，特别是欧美等发达国家的规范，并结合我国工程建设的基本情况进行编著的，基本上适应了我国国情，满足了国内工程建设的需要。然而我国的岩土规范依旧存在部分缺陷，况且随着工程项目建设标准的提高，科学技术的日新月异，硬件设施与施工方法已经发生了翻天覆地的变化。导致现有岩土规范已经不能完全满足国内工程建设的发展要求，特别是约束了国外工程项目的发展与推进。因此《岩土工程勘察规范》的修订和完善极为重要。

（二）忽视区域地质和水文地质的详细研究

进行勘察的工作人员要充分结合工程场地及周边的地质结构与水文情况来开展勘察工作，从而获得高质量勘察结果。然而大部分工程项目仅对工程区域内进行小面积的勘察，没有结合工程建设项目所在地区的地质结构及水文特点进行综合分析评价，结果导致所编制的勘察报告与岩土工程勘察地区的实际情况不符，进一步降低勘察结果的准确性与可靠性。

（三）岩土工程勘察管理工作需完善

随着近些年来国家基础建设的快速发展，勘察企业队伍也随着市场需求逐渐发展壮大，勘察业务水平不断提升，勘察质量不断加强，但是以上进步大都是建立在专业技术层面上的，然而勘察企业并没有对管理工作高度重视，只是墨守成规的按照工程需求进行勘察工作，进行简单的记录结合试验数据就编制勘察报告，没有建立系统的质量控制与评价方法体系，降低了勘察报告的严谨性、真实性、准确性，从而严重影响勘察质量的全面提升。

二、岩土工程勘察质量控制与评价因素分析

质量控制概念明确指出质量控制需要对影响质量的主要因素人、材料、机械、方法、环（4M1E）进行控制，本节主要分析了（4M1E）在岩土工程勘察质量影响方面的作用，并根据岩土工程勘察工作的特点总结了质量控制的要点。

（一）影响质量的主要因素

岩土工程勘察工作阶段质量影响主要因素有：人（Man）、材料（Material）、方法（Method）、机械（Machine）及环境（Environment），如图 8-1 所示，对其进行质量管理与控制主要从以上五个方面进行，是保证工程项目质量的关键。

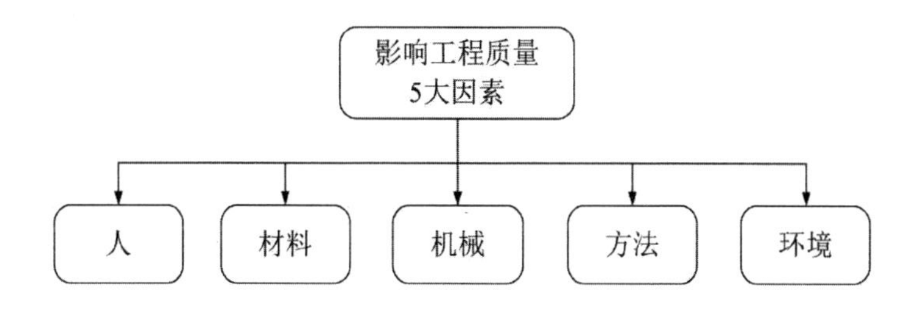

图 8-1　影响工程质量的 5 大因素

1.人

在海因里希提出的 1∶29∶300 法则中可知，人的因素是导致事故发生的关键因素。同样在质量控制中人的因素也起到了关键的作用。一个科学有效的决策，不仅能够提高工作效率，提升工程项目的质量，对工程的成功与否也起到了关键性作用。人在岩土工程勘察项目活动中同样起着无可替代的作用，是岩土工程勘察项目快速高效完成的基础与保障，更是工作进行时变动弹性最大的因素。因为在工程项目的建设过程中，人在项目管理与实施的过程中起着决定性的作用。所以在岩土工程勘察工作的开展阶段，一定要注重以人为本的原则，对人进行科学的、合理的、有效的管理是对其他影响因素进行有效控制的前提。由于人的主观能动性以及客观因素的存在，人在工程项目管理工作中是比较难以把控的因素，所以在岩土工程勘察项目进行过程中，建立行而有效的监督、检查、管理体系显得尤为重要，例如制定合理的员工鼓励和奖惩机制，既能调动工作人员的积极性，又能保证勘察工作质量。

2.工程材料

作为工程建设项目的物质基础，工程材料是不可或缺的。岩土工程勘察进行过程中会使用到工程材料，材料的差异会对岩土工程勘察质量产生一定程度的影响，所以在材料的选择上要特别慎重，工程材料选择时做到货比三家，在造价范围内适当选择质量较好的产品，严禁选择无生产日期、无生产合格证、无生产厂家的“三无”产品材料，所有工程材料需按照要求验收合格后才能进入施工场地，根据材料自身的属性合理的选择布置存放地点和环境，以便能够简单方便地拿取工程材料，避免材料的功能质量受到外界环境的影响。

3.机械设备

机械设备是岩土工程勘察工作顺利完成的工具保障。机械设备包括工程设备，施工机械和各种施工器具，是工程项目建设必不可少的部分。随着工程项目的体量增大，涉及的投入就会增多，特别是相关的仪器机械的数量就需要增加，种类也会丰富，对仪器机械性能标准也会随着增高。所以对机械仪器的性能和质量把控也至关重要，因为它们对岩土工程勘察质量的影响也起着举足轻重的作用。岩土工程勘察项目的具体工作中分为内业和外业两方面，会涉及各种各样的试验仪器、机械设备，同时还需要各种设备间的配合使用。因此在岩土工程勘察项目实施过程中，机械工具和实验仪器的质量以及常规的保养维修与存放非常重要。在进行勘察工作时优良的机械设备能够为缩短工期、减少成本、提高勘察质量，对于各种各样的机械设备的日常管理也是比较繁琐的事情，在岩土工程勘察项目进行过程中，需要完善其施工机械设备的管理制度，要保证每一位机械设备的责任落实到个人，法律法规上有特殊要求的需要通过的岗前培训考核才能够持证上岗，确保所有的机械操作人员都能够熟悉掌握所要操作的机械设备，定期对设备进行日常检查和维护保养，保证机械设备的正常性和准确性。

4.方法

方法是岩土工程勘察项目顺利开展进行的技术保障。岩土工程勘察项目的施工方法主要是指在工程项目建设的整个阶段，所使用的勘察技术手段、工艺流程、施工组织方案、组织措施等。特别是大体量工程项目的岩土工程勘察工作在其工程项目的整个阶段会涉及各种各样的勘察手段和实验方法，尤其是比较复杂的大型工程项目，所要求的勘察手段与方法要求具有很高的准确性和可靠性。一套行之有效的岩土工程勘察方案是保证勘察质量的前提条件，所以在制定具体工程项目的岩土工程勘察方案时，首先按照不同建设项目的特点、规模、地域等条件类型选择合适的勘察方法，其次还要结合具体的施工顺序探究对比各种勘察方法的优越性，进而确定一种科学、可行、高效的勘察方法。

5.环境

环境的因素包括自然环境、质量管理环境和作业环境因素。其中自然环境因素主要指工程地质、水文地质以及气象的变化以及其他不可抗力对勘察质量的影响。施工质量管理环境因素主要是指施工单位的管理体系、质量管理制度及各部门之间的相互配合的因素。施工作业环境主要是指施工现场能源介质的供应，通风照明、交通运输、场地给排水等环境的影响因素。在岩土工程勘察项目实施过程中，受环境的影响因素较大，又加之需要进行岩土工程勘察项目都是大型工程项目，其所面临的环境比一般工程项目更加复杂，环境因素影响更深远。

（二）岩土工程勘察质量控制要点分析

进行质量控制是岩土工程勘察相关工作的重点，做好质量控制工作才能提高勘察质量，保证勘察结果的准确性和真实性，从而为工程建设下一步工作打下坚实的基础，现将岩土工程勘察工作质量控制要点进行总结：

1.责任控制

所有的工作人员都要具备良好的职业道德，具备一定的专业技术基础知识储备，主要包含以下两点：

（1）提高工作人员的质量观念

勘察质量对工程建筑影响至关重要，工程建筑直接影响着人民的生命财产安全。所有的工作人员要有质量观念，安全意识。

（2）明确岗位责任

岩土工程勘察单位的负责人，总工程师、项目经理、监理工程师、安全员等从业者要对勘察结果及有关技术参数负责。

2.开工前控制

（1）准备资料

获取勘察任务书，明确勘察目标，熟悉勘察要求，确定勘察等级，准备含有地形地貌和坐标的建筑平面图，搜集勘察区域及周边的现有的地质资料，对场地及周边工程地质特征有一定程度的认识。

（2）制定勘察纲要

赴工作场地进行初步的踏勘，获得部分基础性资料，再结合查阅的工作场地周边的工程地质资料，按照规范要求制定勘察纲要。

3.施工过程控制

按照《岩土工程勘察规范》的要求进行钻探、编录、取样、原位测试、现场见证工作步骤的重点控制。对控制性钻孔的岩土芯采取重点把控，是岩土进行分层的关键工作。要在现场及时进行钻孔编录，才能保证数据的准确性。岩土样的数量和质量要符合勘察规范和纲要的要求。原位测试在确定地基土承载力方面有重要作用，根据土层特征采取不同的试验方法。根据实际情况填写现场见证报告，而且要求与外业工作同时结束，严禁野外勘察完成后再补填。

4.结果控制

（1）勘察结果评价原则

应保证地基的稳定性符合工程建设的要求，确保建筑物不发生影响其正常功能及安全性的不均匀沉降。

（2）评价方法

要采用定性评价方法论证场地对工程的适宜性，场地岩土体的稳定性。定量分析岩土体的强度、变形情况以及各种临界状态的极限值。反分析法主要对地基稳定性和地质灾害的评价。

（3）岩土工程参数选择与使用

岩土工程勘察报告包含建筑场地及周边各岩土层的物理力学指标参数，由于岩土自身的各向异性，在选择使用岩土参数时，要结合考虑各个地质区段及层位的特点。

（4）评价的主要内容

评价建筑场地地质条件的稳定性及适宜性；提出对地基基础设计方案合理性的建议；估计建设时可能发生的岩土问题，并给出对应的预防方法或治理措施；

（5）地基承载力判断方法

地基承载力的判断方法主要有公式计算法、原位测试试验、室内试验法等，再根据当地建筑工程的建设经验进行综合判断。

5.后续工作控制

岩土工程勘察后续工作的主要内容就是现场检验，这是对勘察结果进行修改完善的过程，是验证整个岩土工程勘察结果准确性的阶段，更为后续工作开展提供良好基础。后续工作主要包含以下方面：分析揭露水文地质与工程地质的特征及变化情况；对施工顺序、方法与参数选取进行现场指导；施工应符合设计要求，当有不符合时应分析原因。

第三节　岩土工程勘查质量控制与评价模型

质量控制与评价在任何工程管理项目中都具有十分重要的地位，在岩土工程勘察中同样适用，随着房屋、桥梁、铁路、公路等大型工程项目的蓬勃发展，对岩土工程勘察质量提出了更高的要求，岩土工程勘察结果需要具有更高的准确性、可靠性。

一、岩土工程勘察项目工作分解结构

岩土工程勘察项目的工作结构分解的建立是进行质量控制的基础，是岩土工程勘察项目后期开展范围管理、全方位管理、全要素管理、全周期管理和项目层次分析、模糊评价等工作的前提。论文首先对岩土工程勘察工作领域与内容进行了分析，然后借助工作分解结构（WBS）方法对当前岩土工程勘察工作进行分解，组建以工作包为最小单元的项目树状结构，不但给岩土工程勘察工作精细化、规范化、程序化提供依据，也为岩土工程勘察项目管理结构化提供重要支撑。

（一）工作范围

岩土工程勘察工作范围是指符合工程各方面要求的前提下为顺利完成勘察任务并达到预期的结果而需要进行的所有的工作内容，是大多数工程建设项目必须进行的前期工作，但是岩土工程勘察工作范围所包括的具体工作，一般会根据建设工程项目的不同而发生变化，所以没有一个具体详细且明确的界定。

根据《岩土工程勘察规范》内容规定，岩土工程勘察工作划分为可行性研究勘察、初步勘察、详细勘察三个主要阶段，根据工程需要还需进行检验与监测。具体流程见表 8-1。

表 8-1　岩土工程勘察各阶段勘察工作

单位	工程建设阶段				
参与单位	立项阶段	勘察设计		工程实施	竣工验收
岩土工程勘察单位	可行性研究勘察	初步勘察	详细勘察	施工勘察	参与验收

通过上述分析，岩土工程勘察工作又具有广义和狭义之分的区别，从广义角度出发，岩土工程勘察工作贯穿于工程建设的完整的生命周期之内，在建设工程的各阶段工作内容的重心在不断产生变化。从狭义角度考虑，岩土工程勘察工作范围只包括岩土工程勘察这一环节的内容。鉴于各种工程建设的程序化，工程建设的重要性，岩土工程勘察进行质量管理的可行性等多方面考虑，从狭义的角度去分析，也就是将岩土工程勘察定义为勘察这一阶段的工作。

（二）工作流程

岩土工程勘察工作流程是指岩土工程勘察工作中依据步骤、程序所要完成的工作环节，具体包括两个方面的内容：勘察工作和勘察工作与工程建设每个阶段的相互影响关系。岩土工程勘察作为一项庞大的系统工程，从各个层面来分析工作流程是不一样的，主要分析岩土工程勘察工作具体实施的工作流程。

岩土勘察工作主要由勘察单位来完成的，虽然勘察单位是该工程阶段绝对的主要力量，承担着主要的岩土勘察任务，然而里面部分必不可少的重要工作任务必须要在有关部门的积极协助下才可以成功解决，不然其有关的岩土勘察工作很难持续进行。以便认知与分析，论文从岩土工程勘察任务的实际完成方勘察单位层面进行探讨，把岩土工程勘察工作分为外部工作和内部工作，工作流程与其相对应。

外部工作主要内容是关于岩土工程勘察单位与建设单位及政府或者第三

方的监督管理机构的交流协商并达成共识的全部活动行为。在获得以上部门的同意后，勘察单位的详细勘察工作才可以继续推进直至成功完成。外部工作主要内容是关于勘察单位按照建设单位或设计单位的委托要求，围绕勘察设计任务所完成的可行性研究勘察、初步勘察、详细勘察等各项专业性具体工作，即勘察工作流程，其中初步勘察与详细勘察都属于勘察工作，共同为工程设计获取相关的材料，虽然两个环节在详细的工作范畴上有差异，但两个环节的工作流程大致一样。所以论文基于对其工作流程进行研究，详细勘察工作流程可依照初步勘察工作流程实施，不再另行探讨分析。

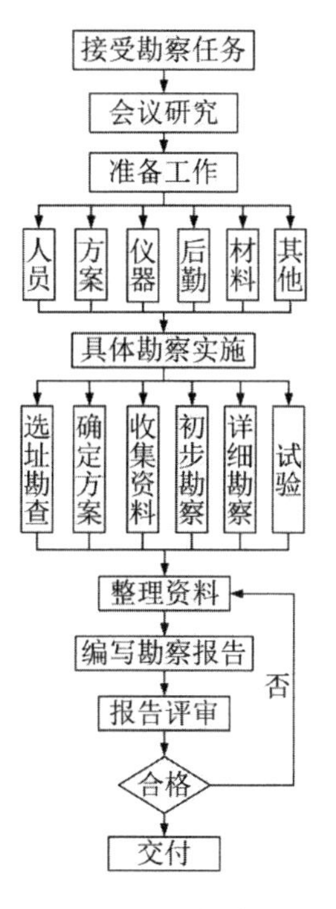

图 8-2　岩土工程勘察工作流程

（三）主要工作内容

勘察是设计的前提依据，是保证各项工程建设的基础，是合理节约成本控制投资的有效手段。为了满足工程建设各方面要求，岩土工程勘察基本上需要进行可行性研究勘察、初步勘察、详细勘察三个步骤。

1.可行性研究勘察

可行性研究勘察也称为选址勘察，主要服务于项目可行性研究阶段，其目的是要突出在可行性研究时勘察工作的重要性，特别是对大型工程尤为重要。该阶段的主要任务是对拟选的场地的岩土体稳定性和适宜性作出岩土工程评价，进行技术手段、勘察方案、经济投资的论证评比，满足施工建设场地的需求。本阶段会对多个可供选择的场址方案进行勘察，对各场地的主要岩土工程问题作出说明、评价。从而阐述各个选址方案的优缺点，评比出最优的工程建设场地。本阶段的勘察方法是在搜集、查阅、分析已有资料的基础上进行现场的踏勘，当现有的资料不够充分时，需要进行测绘和必要的勘探工作。

2.初步勘察

初步勘察是为满足工程初步设计的需求下进行的活动。主要目的就是在可行性研究的基础上，对工程建设场地内主要建设地段的岩土工程稳定性作出相应的评价。进一步确定工程建设的施工总平面图布置，对场地内主要建筑物或构筑物岩土工程方案和不良的地质情况进行方案设计并加以论证，从而达到初步设计要求，为进一步扩大设计进行详细勘察完成前期准备工作。本环节在充分研究现有的工程材料后，依据工程要求实施有关的工程地质测绘工作，并进一步进行勘探与取样、原位测试与实验等工作。

3.详细勘察

详细勘察的任务是对工程场地内岩土工程设计、岩土体稳定性、不良地质作用的处理防治工作进行分析研究，从而达到施工图的设计要求。该工程阶段需要按照不同的建筑物和构筑物提供详细岩土工程技术参数，所要求的技术成果精准可靠，许多工作需要结合大量的计算去实现。本阶段主要工作方法以勘探和原位测试为主，为了后续与施工监理对接进行技术交底，此阶段需要适当地进行部分监测工作。

（四）岩土工程勘察工作分解

岩土工程勘察是存在于工程项目的整个生命周期，涉及多个专业、多个阶段，结合不同的项目跨越的区域较大，是一项复杂、系统、精细的工作。为了提高工作的效率，实现复杂工作的模块化，采用 WBS 方法对其进行工作分解。

1.分解原则

为了确保工作分解结果的适用性和高效性，保证后续工作的顺利进行，在对岩土工程勘察工作进行项目分解时需要遵循以下原则：

（1）全面性原则

全面性原则就是在进行工作分解时需要包含整个工程项目的所有工作，在工作层级纵向划分时包含所有的工作阶段，在每个工作阶段横向划分时又包含该阶段的所有工作内容，避免工作的遗漏，保证工作完整性。

（2）适度性原则。适度性原则是指在对岩土工程勘察项目进行分解时要合理，有效把握工作的管理成本与难易程度间的平衡，在较小的管理成本下，有效地降低工作难度，从而使工作顺利地完成。

（3）独特性、唯一性原则：每个分解元素都表示一个相对独立的有形或者无形的可交付技术单元，每个元素具有唯一性，进而避免了重复任务的出现，并且经过分解之后的技术单元要能够分配给单独的项目成员或者一个技术团队来完成，否则将要考虑进行进一步的工作分解。

2.分解方法

岩土工程勘察工作具有极强的专业性，同时具有阶段性和全面性，对该工作进行分解也比较复杂，为了使岩土工程勘察工作分解结构清晰明了，逻辑合理，而且符合全面性要求，覆盖所有工作内容，从项目、工作环境、阶段、内容四个方面进行分解。

（1）确定将要进行的是岩土工程勘察项目

（2）根据工作环境将项目进行分类

（3）根据勘察阶段进行分类

（4）根据工作环境进行分类

（五）勘察工作的分解结构

分析岩土工程勘察项目的工作范围与内容能够发现，岩土工程勘察工作具有全面性和阶段性的特点，不同阶段的工作不是单独存在而是前后连贯的，系统分析岩土工程勘察工作的全面性、阶段性、专业性等几个方面，将其工作进行如下分解：

（1）岩土工程勘察项目，这是第一级，明确其项目性质类别，表示了接下来需要进行的相关工作的种类，是对工作的定性。

（2）内业与外业，这是第二级，将岩土工程勘察项目先进行外业与内业的基本分解，外业主要从事野外作业，内业负责搜集整理资料、室内试验等。

（3）勘察工作，这是第三级，勘察工作分为可行性研究勘察、初步勘察、详细勘察。

（4）工作内容细分。这是第四级，根据需要进行的具体的工作内容进行分解，具体分解为搜集资料、测绘、勘探、编制勘察纲要、物探、原位测试、室内试验、编制勘察报告等模块。如图 8-3 所示。

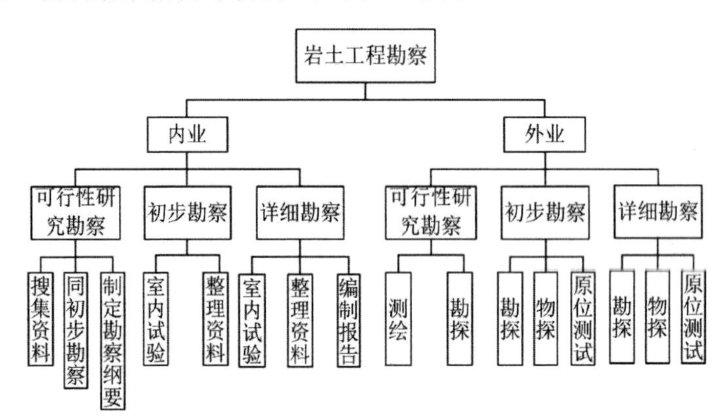

图 8-3 岩土工程勘察工作分解结构

二、三阶段控制原理下的有效措施

施工项目质量的三阶段控制原理的核心内容就是对项目进行事前质量控制、事中质量控制、事后质量控制。三阶段控制是一种全员参与质量管理活动的方法，利用三阶段控制原理结合影响施工质量的五大因素 4M1E“人、材料、机械、方法、环境”以及前文分析的岩土工程勘察质量控制要点进行事前、事中、事后质量管理控制，保证了对勘察工作 5 个主要的质量影响因素进行了全方位全角度全层次的分析，还结合岩土工程勘察工作的特点对控制要点进行了阐述。三阶段控制原理做到了全过程、全体员工的参与，将三阶段控制原理应用到岩土工程勘察项目中具有明显的阶段性、广泛性、重点性、科学性等优点，能够真正在提高岩土工程勘察的质量中找到最佳的方法，保证勘察工作能够持续高效地进行。

（一）事前控制阶段

正所谓“凡事预则立，不预则废”，准备工作是进行质量管理的前提基础。事前质量控制阶段就是在正式施工前进行质量控制，控制的重点就要做好准备工作，而且准备工作要考虑到是贯穿于工程建设项目的整个生命周期。

在事前质量控制阶段要确定好工程项目的管理者，因为整个项目的工程质量由项目经理和总工程师全权负责，优先选用经验丰富的，责任心强的技术施工人员，他们是勘察过程中的具体实施人员，开工前对相关人员进行安全教育培训方能上岗，对于特殊设备操作人员还要检验相关证件是否符合要求。

机械设备首先应该从源头控制，从其采购环节控制其质量，要依据工程项目的特点采购租赁有关的机械设备，本着安全性高、效率高、稳定性高、适用性高、价格合理的原则采购机械设备。所有机械设备进场前必须进行验收而且要调试合格，确保机械设备的质量，以便符合工程建设的标准。

材料包括工程材料和施工用料，分为原材料、半成品、成品、构配件等。事前质量控制阶段要对相关材料严格进行选购，通过有关实验方法对材料质量进行检测，合格后方可入场使用。

施工方法包括施工的技术方案和技术措施等。施工方法能否正确选择，施工技术水平的高低，施工工序是否合理，是决定工程质量的关键因素。在事前质量控制阶段勘察单位就要经过技术部门研究，专家论证后确定基本的技术方案，然后对关键性的工作进行必要的测试和试验，从而确保后续勘察工作的顺利进行。

充分了解当地的一年四季的天气情况，主要包括施工场地的天气等自然环境因素，现场及周边的施工作业环境。环境对工程质量的影响具有复杂多变和不确定性，特别是在工程项目进行勘察的过程中可能经历各种各样的气候条件，这种情况是无法避免的，这就要求在进行勘察工作前做好充分的准备工作。结合工程进度的安排合理的选择工作时段，施工场地要做好交通运输和道路的通畅，以及能源供应和现场施工照明和安全防护等，保证工作让工作在规定的期限内高效率的完成。

（二）事中控制阶段

事中质量控制是指在施工进行的过程中进行的质量控制，对生产过程中各质量影响因素进行的控制活动，特别是对人的因素进行相关制度、法规下的行为约束，进一步达到全面控制施工过程的要求。

事中质量控制阶段要定期对在岗人员根据岗位职责进行培训，时间跨度以两周一次培训为宜，强化质量意识，监督检查各管理施工人员的执行情况，如有必要进行人员的辞退更换。

定期对设备进行检查保养和维护，避免因为仪器设备的问题造成对工程质量的影响，对所有的重要机械设备要责任到人，实施定机、定岗、定人的“三定”措施，保证出现任何关于机械设备的问题第一时间找到责任人。

对材料进行相关管理检测，避免施工材料因为受热、受潮、过期而导致质量改变，必要时通过实验等手段对材料质量进行检测。

技术人员要不定期监督检查、自检、互检，查看工程项目进行过程中是否按照既定的技术方案进行，施工手段是否符合技术标准，如有不妥之处及时指出纠正，如果发生既定的技术方案不能解决的技术问题，及时上报技术部门进行调整。

根据自然环境和周边环境的变化及时调整工程勘察工序、技术与方法，保证施工场地不受环境的影响，也保证施工不影响周边的环境（自然环境及周边建筑等）或者将影响程度降低到标准范围内。

（三）事后控制阶段

事后质量控制是指对于单位工程和整个工程项目的作业活动的事后评价，进一步总结经验教训，取其精华，去其糟粕，本阶段控制的重点主要在于勘察结果的评价控制，在不断地总结中提高岩土工程勘察的施工质量。

事后质量控制阶段对于表现优秀的管理者和员工根据进行符合标准奖励，并对人员信息做好相关记录，下次工程项目开工实施时优先考虑雇用。要对材料使用数量、合格证明、技术参数指标、检验文件等有关资料进行整理存档。对租赁的设备及时返还，购买的设备做好入库保管工作。对技术方案实施过程中遇到的问题进行总结经验，并记录解决问题的针对性措施，整理好相关资料存，便于后续工程的借鉴使用。勘察完成后的场地如有必要做好复原工作，确保不影响后续施工的进行。综合参考各项勘察工作的技术指标与试验结果，仔细研究给出准确的勘察结果。

三、层次分析法在岩土工程勘察质量控制中的应用

层次分析法从提出至今约有 50 年的时间，在国内外学者的共同努力研究下，该理论方法逐步地应用到各个专业领域中，特别是在解决受多因素影响的具体决策问题方面具有良好的效果。

（一）层次分析法原理

层次分析法可以将复杂的问题进行量化分析，把工程项目逐层次进行分解，将问题转化成由若干因素组成的具有逻辑关系层次结构组合，使管理因素分析更加细致，分析更具有逻辑性，然后对相同层次的因素两两对比，判断其权重值，得出重要性的排序。层次分析法具有系统、灵活、简洁、实用等特点，与此同时还具备综合专家评审时偏重个人意愿的缺点，在部分方面上体现了客观真实的优势。因此利用层次分析法实施的指标权重判定具备可信度高、误差小等优点。即使在评价过程中由于评价指标较多的原因导致一致性不能满足要求，但是可以经过适当调整达到合格。

（二）基于 AHP 的指标权重的确定步骤

依据 AHP 理论确定指标权重大致包含以下四个步骤：构建指标评价模型、构造数字判断矩阵、层次单排序及一致性检验、层次总排序及一致性检验，经过对以上相关数据的统计判断就能明确评价指标体系中全部指标的权重程度。

1.构建指标评价模型

应用层次分析法分析决策问题时首先要把问题条理化层次化以构造出一个有层次的结构模型。基于影响施工质量的主要因素 4M1E，结合岩土工程勘察项目质量控制要点，以及质量管理的 8 项原则（以顾客为关注焦点、领导

作用、参与原则、过程方法、管理的系统方法、持续改进、基于事实的决策方法、与供方的互利关系），对其进行分析将岩土工程勘察项目质量控制的关键影响因素划分为团队建设、机械材料、施工方法、环境因素 4 个维度。四个维度下又设置了 14 个详细的指标，具体见图 8-4。

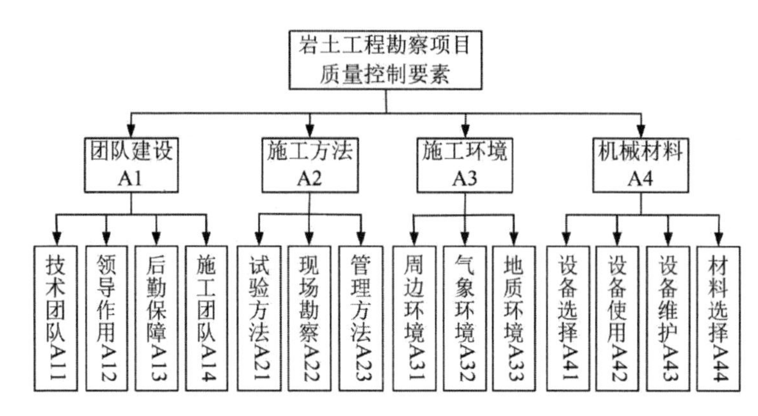

图 8-4　岩土工程勘察项目质量控制要素

2.建立数字判断矩阵

通过 AHP 模型的构建，就确定了各层指标因素之间的联系。在分析问题时，判断指标权重首先就要对其中每两个指标进行相互对比取值，建立判断矩阵，一般按照 1-9 数字标度进行判定，标度值包含的基本释义见表 8-2。之所以利用 1-9 标度进行指标因素判定，是因为此方法接近日常的判断行为，可以明确地判断出相关人员对定性因素的对比判定。

表 8-2　九标度各元素重要性量化表

标度	含义
1	表示两个因素相比，具有同等重要性
3	表示两个因素相比，一个因素比另一个因素稍显重要
5	表示两个因素相比，一个因素比另一个因素明显重要
7	表示两个因素相比，一个因素比另一个因素强烈重要
9	表示两个因素相比，一个因素比另一个因素极端重要
2，4，6，8	表示上述相邻判断的中间值
倒数	若因素 i 与因素 j 的重要性之比为 a_{ij}，那么因素 j 与因素 i 之比为 $a_{ji}=1/a_{ij}$

为了准确合理地对各个因素进行权重判定，比较时按照以下方法：在对各个因素进行两两对比的过程中，根据表 8-2 的标准进行打分，就能够确定两个因素的重要性关系，重要程度的差距，进一步建立两两相互比较判断矩阵。

依据以上准则，邀请此行业内的资深的专家学者、权威人士共同对以上问题进行分析研究，对岩土工程勘察项目体系中的各项指标判定权重进行打分，形成数字判断矩阵。

$$R=\begin{bmatrix} a_{11} & a_{12} & a_{13} & \cdots & a_{1n} \\ a_{21} & a_{22} & a_{23} & \cdots & a_{2n} \\ a_{21} & a_{32} & a_{33} & \cdots & a_{3n} \\ \cdots & \cdots & a_{ij} & \cdots & a_{in} \\ a_{n1} & a_{n2} & a_{n3} & \cdots & a_{nn} \end{bmatrix} \tag{8-1}$$

3.计算特征根和相应的特征向量

矩阵中每一行所有元素积的方根计算公式：

$$p_i=\sqrt[n]{\prod_{j=1}^{n}a_{ij}} \tag{8-2}$$

矩阵中特征向量的计算公式：

$$\omega_i=p_i\Big/\sum_{i=1}^{n}p_i \tag{8-3}$$

矩阵方程特征根的计算公式：

$$\lambda_i=\frac{\sum_{j=1}^{n}a_{ij}\omega^T}{\omega_i} \tag{8-4}$$

4.对判断矩阵 R 进行一致性检验

为了后续分析工作顺利完成，避免矩阵出现逻辑上的错误，需要对判断矩阵 R 进行一致性检验，论文借助 CR 随机一致性指标对矩阵的一致性进行检验，检验过程如下：

矩阵的最大特征根计算公式：

$$\lambda_{max}=\frac{\sum_{i=1}^{n}\lambda_i}{n} \tag{8-5}$$

偏离一致性指标：

$$CI=\frac{\lambda_{max}-n}{n-1} \tag{8-6}$$

随机一致性指标计算公式

$$CR=\frac{CI}{RI} \tag{8-7}$$

公式 8-7 中 RI 为平均随机一致性指标，取值范围见表 8-3：

表 8-3　平均随机一致性指标 RI 取值范围

n	1	2	3	4	5	6	7	8	9
RI	0	0	0.58	0.90	1.12	1.24	1.32	1.41	1.45

判断矩阵一致性检验方法为：$CR=CI/RI<0.1$ 时，判断矩阵符合一致性要求，反之必须再次构造判断矩阵，直至一致性检验符合要求。一致性检验通过后，接下来对元素权重值进行归一化操作，直至得到矩阵的特征向量，计算出各控制要点的权重系数ω_{ij}^*。

5.层次总排序权重确定

首先要得出全部准则层评价因素的权重值ω_i，然后计算指标层若干因素对于终极决策目标的相对权重ω_{ij}，最终计算出的数值就是若干单一评价因素对应的综合权重ω_{ij}^*，从而将得到的综合权重系数ω_{ij}^*分别进行排序对比。基本步骤就是按层进行计算，然后累积相乘得到综合权重系数。公式如下所示：

$$\omega_{ij}^*=\omega_i\times\omega_{ij} \tag{8-8}$$

6.使用 AHP 注意的事项

（1）专家团队成员结构要合理并具有一定的权威性。借助 AHP 确定权重过程中主要取决于专家的个人认知层面，所以合理的专家团队和广泛的个人经验使权重值更加具有说服力。在进行岩土工程勘察项目质量影响要素评价指标权重确定工作时，涉及工程地质、水文地质、地质测绘等多个专业，因此在选取专家的过程中要综合考虑，保证专家团队组成的合理性，从而确保对岩土工程勘察影响要素权重分析的准确性。

（2）评价指标结果要最终统一。在借助 AHP 理论构建判断矩阵模型工作时，由专家团队成员对评价指标进行主观的判断。因为专家团队有不同部门、专业、年龄的人员组成，其对指标的判断侧重点就有不同，因此在实际操作过程中，最好经过多轮探讨在符合大多数专家意愿的条件下形成统一的结果。

四、基于模糊综合评价法的岩土工程勘察质量评价模型

控制效果的评价方法具体有：数据包络分析法、模糊综合评价法、人工神经网络法、投入产出分析法、物元分析评价法等，因为岩土工程勘察质量管理评价不能用具体的数值、合适的词句去表达，从而利用优、良、中、合格、差等语言进行表示。由于岩土工程勘察质量评价的因素较多，而且具有较大的变动，因此为了科学对岩土工程勘察质量进行评价，采用模糊综合评价法构建岩土工程勘察质量管理评价模型。

（一）评价模型的构建

模糊综合评价法适用于评价因素较多，评价结果精度不高的定性问题的研究。该方法具有用时短、工作效率高的特点，采用集合的样式表达结果，可以相对准确地描述问题自身的模糊状。所以根据岩土工程勘察工程项目质量管理绩效评价的特征，模糊综合评价法体现很高的适用性。以下为模糊综合评价模型的构建过程：

1.组建评价因素集合 B

下文构建评价准则基于卓越绩效的评价方法。卓越绩效准则起源于 1987 年美国政府设立的波多里奇国家质量奖的评价准则，它是企业与个体评价自身发展状况、提升产品质量与服务水平、加强团队成员技术水平与整体素养、强化团队团结合作能力、高质量的服务顾客，同时为利益相关者创造价值的绩效管理方法。所以对岩土工程勘察质量展开评价有利于企业进行自我评价和优化。卓越绩效评价准则主要考虑发展战略、资源管理、顾客与市场、经

营状况、领导能力、过程管理、测量分析与改进等七个方面，每个方面相互关联从而形成一个完整的体系。在改进卓越绩效准则的评价框架，从以上的7个类别划分为个4层面和16个因素。$B=\{B_1，B_2，B_3，B_4\}$={项目组织管理，施工现场管理，项目成果管理，其他}；$B_1=\{B_{11}，B_{12}，B_{13}，B_{14}\}$={团队建设、方法方案、设备选购、安全措施}；$B_2=\{B_{21}，B_{22}，B_{23}，B_{24}\}$={施工水平，各专业配合，风险应对策略，检验制度}；$B_3=\{B_{31}，B_{32}，B_{33}，B_{34}\}$={强制性标准满足度，设计单位满足度，其他单位满足度，文件完整性}；$B_4=\{B_{41}，B_{42}，B_{43}，B_{44}\}$={项目经济性，整理工作，环境管控，技术创新}；首先要根据层次分析法的原理，对岩土工程勘察项目质量管理与控制评价因素指标体系的一级指标进行判定，按照重要程度每两个进行对比分析取值，构建关于一级指标的判断矩阵，进行一致性检验合格后，依据AHP法的使用方法得出其最大特征值与对应的特征向量，然后采取归一化操作计算出一级指标对于目标层的权重；重复以上操作步骤计算出二级指标对于一级指标的相对权重值；最终按层累积相乘，计算出全部单个因素对于目标层的总的权重值W=（ω_1、ω_2、ω_3……ω_{16}）。

2.确定质量管理评价等级

使用五个等级对岩土工程勘察项目质量控制效果进行评价，评价的五个等级依次为：优秀、良好、中等、及格、较差。对应建立评价等级集合$V=\{V_1$、V_2、V_3、V_4、$V_5\}$={优秀、良好、中等、及格、较差}，相对应的隶属为{5、4、3、2、1}。

（二）进行因素指标评价

1.进行单因素评价

设B_{ij}是岩土工程勘察质量管理评价指标体系中第i阶指标里面的第j次级指标，P_i是指标B_{ij}其相对于上级指标B_i的权重，其中r_{ij}^t是项目组t在指标B_{ij}关于评判等级V_j的隶属度，n_{ij}^t为评审专家认为项目组在B_i上属于评定等级V_j的人数。因此总结出单因素评价模型：

$$R=(r_{ij})_{16\times5} \tag{8-9}$$

$$r_{ij}=\frac{n_{ij}}{n} \tag{8-10}$$

2.进行复合运算，综合评价

对以上求出指标权重进行复合运算，并对各个评价指标进行整理综合判断。在理论基础上模糊综合评价的复合运算方法不胜枚举，在实际使用过程中常见方法主要包括四种：取小取大模型、实数相乘取大运算模型、取小相加运算模型、普通矩阵相乘运算模型。每个方法都具备不同的特点，取小取大模型在进行分析计算时，一方面需要在进行评价时最大程度地显示主要因素，另一方面要明确单因素的隶属度，以计算结果中最大者因素指标确定其评判的结果，其评判指标不够全面，一定程度上忽略部分指标的影响。实数相乘取大运算模型与取小相加运算模型的特点是主因素突出，在解决问题时能清晰地显示重要的关键因素，也能显示非重要因素的作用，由于指标因素涉及范围很广，加大了计算的工作量，增多了工作时间。普通矩阵相乘运算模型优势在于不但分析全部因素指标权重的大小，而且包含单因素评判的所有内容，在对整体因素进行综合评判时适用性很强，可靠性很高。使用普通矩阵相乘运算模型，计算公示如下：

$$D=W\cdot R=(d_1, d_2, d_3, d_4, d_5) \tag{8-11}$$

在计算出项目组 t 的综合评判结果后，对此结果进行归一化处理获得综合评价向量：

$$D=(d_j)_{1\times5} \tag{8-12}$$

岩土工程勘察质量控制的评价值计算公式：

$$V^{*}=D\cdot V^{T} \tag{8-13}$$

最终得出评价指标 V^{*}的数值，数值越大代表质量越好。

（三）应用建议

1.宏观角度进行分析评价

本节构建的岩土工程勘察质量控制评价模型及进行的分析是从宏观角度出发的，由于受到主观及客观因素的综合影响在进行分析评价时没必要也不可能得到精确的分析结果，从宏观的角度进行准确分析即可，这也是模糊综合评价法自身的特征。

2.评价指标要科学。

应用模糊综合评价法时，评价指标要准确，合理、全面的反映岩土工程勘察质量控制效果，要全面考虑与评价指标权重的紧密联系，依据真实状况，对权重采取实时调节措施，从而更好的进行评价。

3.合理利用评价结果

采用模糊综合评价法得出的结果，要结合具体情况得到最终结论。对于岩土工程勘察项目而言，应根据具体情况选择科学合理的方法，使评价结果更加详细准确。

第九章　土方工程施工实务

第一节　土方工程施工方法

一、场地平整施工

（一）施工准备工作

1.场地清理

清理场地包括拆除施工区域内的房屋，拆除或改建通信和电力设施、上下水道及其他建筑物，迁移树木，清除含有大量有机物的草皮、耕植土河塘淤泥等。

2.修筑临时设施与道路

施工现场所需临时设施主要包括生产性和生活性临时设施。生产性临时设施主要包括混凝土搅拌站、各种作业棚、建筑材料堆场及仓库等；生活性临时设施主要包括宿舍、食堂、办公室、厕所等。

开工前还应修筑好施工现场内的临时道路，同时做好现场供水、供电、供气等管线的架设。

（二）场地平整施工方法

场地平整系综合施工过程，它由土方的开挖、运输、填筑、压实等施工过程组成，其中土方开挖是主导施工过程。

土方开挖通常有人工、半机械化、机械化和爆破等数种方法。

大面积的场地平整适宜采用大型土方机械，如推土机、铲运机或单斗挖土机等施工。

1.推土机施工

推土机是土方工程施工的主要机械之一，是在履带式拖拉机上安装推土铲刀等工作装置而成的机械。按铲刀的操纵机构不同，分为索式和液压式推土机两种。索式推土机的铲刀借本身自重切入土中，在硬土中切土深度较小。液压式推土机由于用液压操纵，能使铲刀强制切入土中，切入深度较大。同时，液压式推土机铲刀还可以调整角度，具有更大的灵活性，是目前常用的一种推土机。

推土机操纵灵活，运转方便，所需工作面较小，行驶速度快，易于转移，能爬 30° 左右的缓坡，因此应用范围较广。推土机适用于开挖一至三类土。它多用于挖土深度不大的场地平整，开挖深度不大于 1.5 m 的基坑，回填基坑和沟槽，堆筑高度在 1.5 m 以内的路基、堤坝，平整其他机械卸置的土堆；推送松散的硬土、岩石和冻土，配合铲运机进行助铲；配合挖土机施工，为挖土机清理余土创造工作面。此外，将铲刀卸下后，还能牵引其他无动力的土方施工机械，如拖式铲运机、松土机、羊足碾等，进行土方其他施工过程的施工。

2.铲运机施工

铲运机是一种能够独立完成铲土、运土、卸土、填筑、整平的土方机械。按行走机构可分为拖式铲运机和自行式铲运机两种。拖式铲运机由拖拉机牵引，自行式铲运机的行驶和作业都靠本身的动力设备。

铲运机的工作装置是铲斗，铲斗前方有一个能开启的斗门，铲斗前设有切土刀片。切土时，铲斗门打开，铲斗下降，刀片切入土中。铲运机前进时，被切入的土挤入铲斗；铲斗装满土后，提起土斗，放下斗门，将土运至卸土地点。

铲运机对行驶的道路要求较低，操纵灵活，生产率较高。铲运机可在一至三类土中直接挖、运土，常用于坡度在 20° 以内的大面积土方挖、填、平整和压实，大型基坑、沟槽的开挖，路基和堤坝的填筑，不适于砾石层、冻土地带及沼泽地区使用。坚硬土开挖时要用推土机助铲或用松土机配合。

在土方工程中，常使用的铲运机的铲斗容量为 2.5～8 m^3。自行式铲运机适用于运距 800～3500m 的大型土方工程施工，以运距在 800～1500m 的生产效率最高；拖式铲运机适用于运距为 80～800 m 的土方工程施工，而运距在 200～350 m 时效率最高。如果采用双联铲运或挂大斗铲运时，其运距可增加到 1000 m。运距越长，生产率越低，因此，在规划铲运机的运行路线时，应力求符合经济运距的要求。

3.单斗挖土机施工

单斗挖土机是基坑（槽）土方开挖常用的一种机械，按其行走装置的不同分为履带式和轮胎式两类。根据工作需要，其工作装置可以更换。依其工作装置的不同，分为正铲、反铲、拉铲和抓铲 4 种。

二、土方开挖

（一）定位与放线

土方开挖前，要做好建筑物的定位放线工作。

1.建筑的定位

建筑物定位是将建筑物外轮廓的轴线交点测定到地面上，用木桩标定出来，桩顶钉上小钉指示点位，这些桩称为角桩，如图 9-1 所示。然后根据角桩进行细部测试。

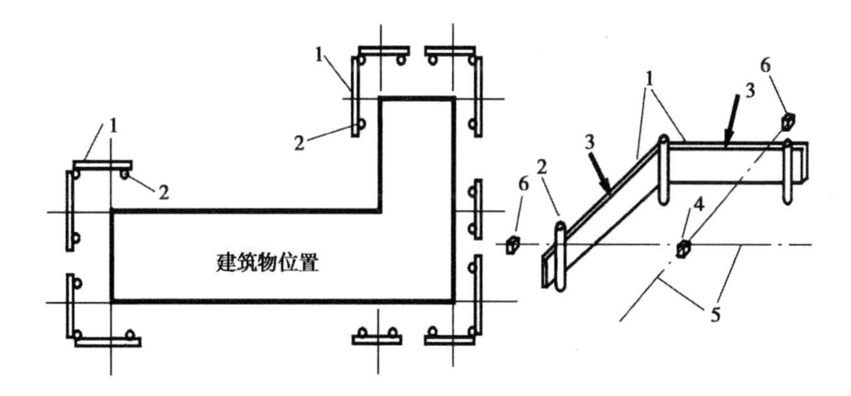

1-龙门板；2-龙门桩；3-轴线钉；4-角桩；5-轴线；6-控制桩

图 9-1　建筑定位

为了方便恢复各轴线位置，要把主要轴线延长到安全地点并做好标志，称为控制桩。为便于开槽后在施工各阶段确定轴线位置，应把轴线位置引测到龙门板上，用轴线钉标定。龙门板顶部标高一般定在±0.00 m，主要是便于施工时控制标高。

2.放线

放线是根据定位确定的轴线位置，用石灰画出开挖的边线。开挖上口尺寸应根据基础的设计尺寸和埋置深度、土壤类别及地下水情况确定，并确定是否留工作面和放坡等。

3.开挖中的深度控制

基槽（坑）开挖时，严禁扰动基层土层，破坏土层结构，降低承载力。要加强测量，以防超挖。控制方法为：在距设计基底标高 300～500 mm 时，及时用水准仪抄平，打上水平控制桩，作为挖槽（坑）时控制深度的依据。当开挖不深的基槽（坑）时，可在龙门板顶面拉上线，用尺子直接量开挖深度；当开挖较深的基坑时，用水准仪引测槽（坑）壁水平桩，一般距槽底 300 mm，沿基槽每 3～4 m 钉设一个。

使用机械挖土时，为防止超挖，可在设计标高以上保留 200～300 mm 土层不挖，而改用人工挖土。

（二）土方开挖

基础土方的开挖方法有人工挖方和机械挖方两种，应根据基础特点、规模、形式、深度以及土质情况和地下水位，结合施工场地条件确定。一般大中型工程基坑土方量大，宜使用土方机械施工，配合少量人工清槽；小型工程基槽窄，土方量小，宜采用人工或人工配合小型挖土机施工。

1.人工开挖

（1）在基础土方开挖之前，应检查龙门板.轴线桩有无位移现象，并根据设计图纸校核基础灰线的位置、尺寸、龙门板标高等是否符合要求。

（2）基础土方开挖应自上而下分步分层下挖，每步开挖深度约 300 mm，每层深度以 600 mm 为宜，按踏步形逐层进行剥土；每层应留足够的工作面，避免相互碰撞出现安全事故；开挖应连续进行，尽快完成。

（3）挖土过程中，应经常按事先给定的坑槽尺寸进行检查，尺寸不够时对侧壁土及时进行修挖，修挖槽应自上而下进行，严禁从坑壁下部掏挖“神仙土”（即挖空底脚）。

（4）所挖土方应两侧出土，抛于槽边的土方距离槽边 1 m、堆高 1 m 为宜，以保证边坡稳定，防止因压载过大而产生塌方。除留足所需的回填土外，多余的土应一次运至用土处或弃土场，避免二次搬运。

⑤挖至距槽底约 500 mm 时，应配合测量放线人员抄出距槽底 500 mm 的水平线，并沿槽边每隔 3～4 m 钉水平标高小木桩。应随时检查槽底标高，开挖不得低于设计标高。如个别处超挖，应用与基土相同的土料填补，并夯实到要求的密实度。或用碎石类土填补，并仔细夯实。如在重要部位超挖时，可用低强度等级的混凝土填补。

（6）如开挖后不能立即进行下一工序或在冬、雨期开挖，应在槽底标高以上保留 150～300 mm 不挖，待下道工序开始前再挖。冬期开挖，每天下班前应挖一步虚土并盖草帘等保温，尤其是挖到槽底标高时，地基土不准受冻。

2.机械挖方

（1）点式开挖。厂房的柱基或中小型设备基础坑，因挖土量不大、基坑坡度小，机械只能在地面上作业，一般多采用抓铲挖土机或反铲挖土机。抓铲挖土机能挖一、二类土和较深的基坑；反铲挖土机适于挖四类以下土和深度在 4 m 以内的基坑。

（2）线式开挖。大型厂房的柱列基础和管沟基槽截面宽度较小，有一定长度，适于机械在地面上作业，一般多采用反铲挖土机。如基槽较浅，又有一定宽度，土质干燥时也可采用推土机直接下到槽中作业，但基槽需有一定长度并设上下坡道。

（3）面式开挖。有地下室的房屋基础箱形和筏形基础、设备与柱基础密集，采取整片开挖方式时，除可用推土机、铲运机进行场地平整和开挖表层外，多采用正铲挖土机、反铲挖土机或拉铲挖土机开挖。用正铲挖土机工效高，但需有上下坡道，以便运输工具驶入坑内，还要求土质干燥；反铲和拉铲挖土机可在坑上开挖，运输工具可不驶入坑内，坑内土潮湿也可以作业，但工效比正铲低。

三、土方的填筑与压实

（一）土料选择与填筑要求

为了保证填土工程的质量，必须正确选择土料和填筑方法。

对填方土料应按设计要求验收后方可填入。如设计无要求，一般按下述原则进行：碎石类土砂土（使用细、粉砂时应取得设计单位同意）和爆破石碴可用作表层以下的填料；含水量符合压实要求的黏性土，可用作各层填料；碎块草皮和有机质含量大于8%的土，仅用于无压实要求的填方。含大量有机物的土，容易降解变形而降低承载能力；含水溶性硫酸盐大于5%的土，在地下水作用下，硫酸盐会逐渐溶解消失，形成孔洞影响密实性，因此这两种土以及淤泥和淤泥质土、冻土、膨胀土等均不应作为填土。

填土应分层进行，并尽量采用同类土填筑。如采用不同土填筑时，应将透水性较大的土层置于透水性较小的土层之下，不能将各种土混杂在一起使用，以免填方内形成水囊。

碎石类土或爆破石碴作填料时，其最大粒径不得超过每层铺土厚度的2/3，使用振动碾时，不得超过每层铺土厚度的3/4；铺填时，大块料不应集中，且不得填在分段接头或填方与山坡连接处。

当填方位于倾斜的山坡上时，应将斜坡挖成阶梯状，以防填土横向移动。

回填基坑和管沟时，应从四周或两侧均匀地分层进行，以防基础和管道在土压力作用下产生偏移或变形。

回填以前，应清除填方区的积水和杂物，如遇软土、淤泥，必须进行换土回填。在回填时，应防止地面水流入，并预留一定的下沉高度（一般不得超过填方高度的3%）。

（二）填土压实方法

填土的压实方法一般有碾压、夯实、振动压实以及利用运土工具压实。对于大面积填土工程，多采用碾压和利用运土工具压实；对较小面积的填土工程，则宜用夯实机具进行压实。

1.碾压法

碾压法是利用机械滚轮的压力压实土壤，使之达到所需的密实度。碾压机械有平碾、羊足碾和气胎碾。

2.夯实法

夯实法是利用夯锤自由下落的冲击力来夯实土壤，主要用于小面积的回填土或作业面受到限制的环境下的土壤压实。夯实法分人工夯实和机械夯实两种。人工夯实所用的工具有木夯、石夯等；常用的夯实机械有夯锤、内燃夯土机、蛙式打夯机和利用挖土机或起重机装上夯板后的夯土机等，其中蛙式打夯机轻巧灵活、构造简单，在小型土方工程中应用最广。

3.振动压实法

振动压实法是将振动压实机放在土层表面，借助振动机构使压实机振动土颗粒，使其发生相对位移而达到紧密状态。用这种方法振实非黏性土的效果较好。

目前，将碾压和振动结合起来设计和制造了振动平碾、振动凸块碾等新型压实机械。振动平碾适用于填料为爆破碎石碴、碎石类土、杂填土或轻亚黏土的大型填方；振动凸块碾则适用于亚黏土或黏土的大型填方。当压实爆破石碴或碎石类土时，可选用重 8～15 t 的振动平碾，铺土厚度为 0.6～1.5 m，先静压，后振动碾压，碾压遍数由现场试验确定，一般为 6～8 遍。

（三）影响填土压实的主要因素

填土压实量与许多因素有关，其中主要影响因素为：压实功、土的含水量以及每层铺土厚度。

1.压实功的影响

填土压实后的密度与压实机械在其上所施加的功有一定关系。土的密度与所耗功的关系如图 9-2 所示。当土的含水量一定，在开始压实时，土的密度急剧增加，待接近土的最大密度时，压实功虽然增加许多，但是土的密度则变化甚小。实际施工中，对于砂土只需碾压或夯实 2～3 遍，对亚砂土只需 3～4 遍，对亚黏土或黏土只需 5～6 遍。

2.含水量的影响

在同一压实功作用下，填土的含水量对压实质量有直接影响。较为干燥的土，由于土颗粒之间的摩阻力较大，因而不易压实。当土具有适当含水量时，水起润滑作用，土颗粒之间的摩阻力减小，从而易压实。土在最佳含水量条件下，使用同样的压实功进行压实，所达到的密度最大，如图 9-3 所示。

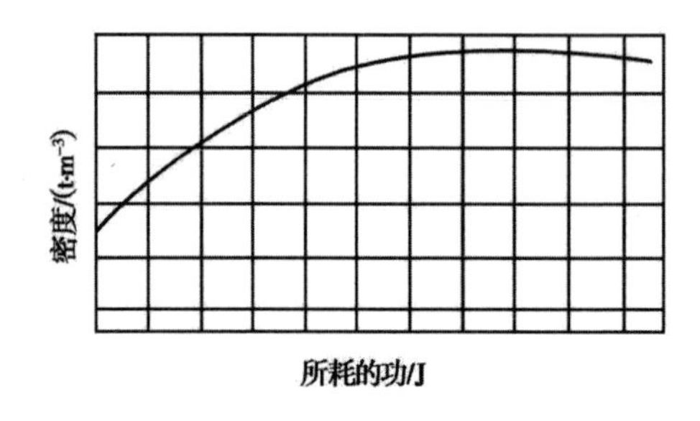

图 9-2　土的密实度与压实功的关系

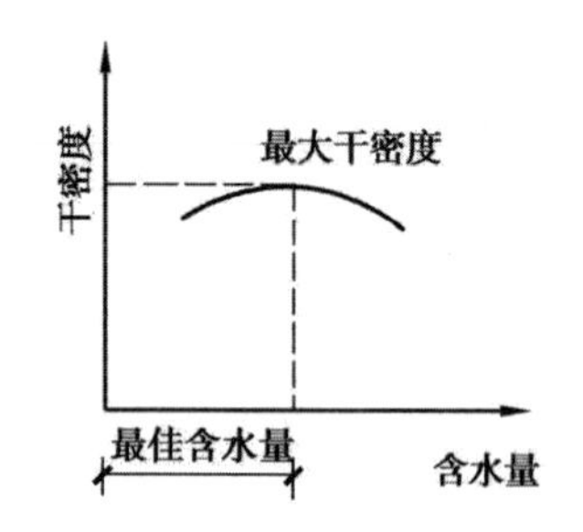

图 9-3　土的密实度与含水量的关系

3.铺土厚度的影响

土在压实功作用下，其应力随深度增加而逐渐减小，超过一定深度后，则土的压实密度与未压实前相差极小。其影响深度与压实机械、土的性质和含水量等有关。铺土厚度应小于压实机械压土时的影响深度。因此，填土压实时每层铺土厚度的确定应根据所选压实机械和土的性质，在保证压实质量的前提下，使土方压实机械的功耗最小。

4.填土压实的质量检查

填土压实后必须具有一定的密实度，以避免建筑物的不均匀沉陷。填土密实度以设计规定的控制干密度ρ_d或规定的压实系数λ_c作为检查标准。

$$\lambda_c = \frac{\rho_d}{\rho_{dmax}} \tag{9-1}$$

式中λ_c——土的压实系数；

ρ_d——土的实际干密度；

ρ_{dmax}——土的最大干密度。

土的最大干密度ρ_{dmax}由实验室击实试验或计算求得，再根据规范规定的压实系数λ_c，即可算出填土控制干密度ρ_d值。填土压实后的实际干密度，应有 90%以上符合设计要求，其余 10%的最低值与设计值的差不得大于 0.08 g/cm^3 ，且应分散，不得集中。检查压实后的实际干密度，通常采用环刀法取样。

第二节　基坑开挖与支护

（一）无支护结构基坑放坡开挖工艺

采用放坡开挖时，一般基坑深度较浅，挖土机可以一次开挖至设计标高，因此在地下水位高的地区，软土基坑采用反铲挖土机配合运土汽车在地面作业。如果地下水位较低，坑底坚硬，也可以让运土汽车下坑配合正铲挖土机在坑底作业。当开挖基坑深度超过 4 m 时，若土质较好、地下水位较低、场地允许、有条件放坡时，边坡宜设置阶梯平台，分阶段、分层开挖，每级平台宽度不宜小于 3 m。

在采用放坡开挖时，要求基坑边坡在施工期间保持稳定。基坑边坡坡度应根据土质、基坑深度、开挖方法、留置时间、边坡荷载、排水情况及场地大小确定。放坡开挖应有降低坑内水位和防止坑外水倒灌的措施。若土质较差且基坑施工时间较长，边坡坡面可采用钢丝网喷浆进行护坡，以保持基坑边坡稳定。

基坑边坡坡度用高度 H 与底宽 B 之比表示，即：

$$\text{基坑边坡坡度} = \frac{H}{B} = \frac{1}{B/H} = 1:m \tag{9-2}$$

式中 $m=B/H$——坡度系数。

土方开挖或填筑的边坡可以做成直线形、折线形及阶梯形，如图 9-4 所示。边坡的大小与土质、开挖深度、开挖方法、边坡留置时间的长短、边坡附近的震动和有无荷载排水情况等有关。土方开挖设置边坡是防止土方坍塌的有效途径，边坡的设置应符合下述要求。

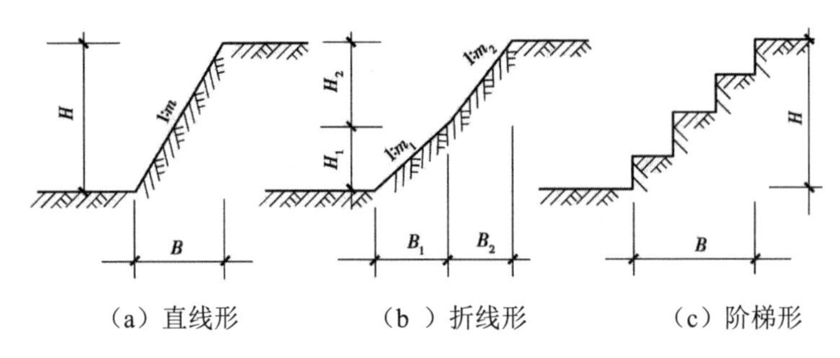

（a）直线形　　（b ）折线形　　（c）阶梯形

图 9-4　土方开挖或填筑的边坡

当地质条件良好、土质均匀且地下水位低于基坑（槽）或管底面标高时，挖方边坡可做成直立壁不加支撑，但不宜超过下列规定：

（1）密实、中密的砂土和碎石类土（充填物为砂土），不超过 1.0 m;

（2）硬塑、可塑的轻亚黏土及亚黏土，不超过 1.25 m;

（3）硬塑、可塑的黏土和碎石类土（充填物为黏性土），不超过 1.5 m;

（4）坚硬的黏土，不超过 2.0 m。

挖方深度超过上述规定时，应考虑放坡或做直立壁加支撑。当地质条件良好、土质均匀且地下水位低于基坑（槽）或管沟底面标高时，挖方深度在5m 以内不加支撑边坡的最陡坡度应符合表 9-1 的规定。

表 9-1　深度在 5 m 以内基坑（槽）、管沟边坡的最陡坡度（不加支撑）

土的类别	边坡坡度（高：宽）		
	坡顶无荷载	坡顶有静载	坡顶有动载
中密的砂土	1∶100	1∶1.25	1∶1.50
中密的碎石类土（填充物为砂土）	1∶0.75	1∶1.00	1∶1.25
硬塑的粉土	1∶0.67	1∶0.75	1∶1.00
中密的碎石类土（填充物为黏性土）	1∶0.50	1∶0.67	1∶0.75
硬塑的粉质黏土、黏土	1∶0.33	1∶0.50	1∶0.67
老黄土	1∶0.10	1∶0.25	1∶0.33
软土（经井点降水后）	1∶1.00	—	—

注：静载指堆土或放材料等，动载指机械挖土或汽车运输作业等。静载或动载距挖方边缘的距离应保证边坡和直立壁的稳定，应距挖方边缘 0.8 m 以外，且堆高不超过 1.5 m。

（二）有支护结构的基坑开挖工艺

有支护结构的基坑开挖按其坑壁形式可分为直立壁无支撑开挖、直立壁内支撑开挖和直立壁拉锚（或土钉、土锚杆）开挖，如图 9-5 所示。有支护结构的基坑开挖顺序、方法必须与设计工况相一致，并遵循“开槽支撑，先撑后挖，分层开挖，严禁超挖”和“分层、分段、对称限时”的原则。

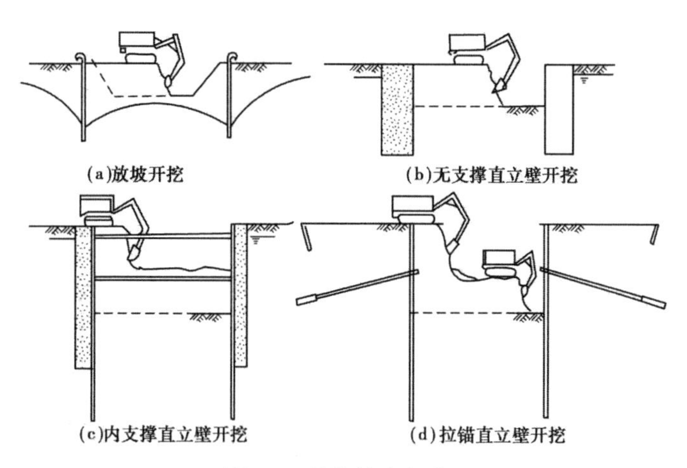

图 9-5　基坑挖土方式

1.直立壁无支撑开挖工艺

这是一种重力式坝体结构，一般采用水泥土搅拌桩作坝体材料，也可采用粉喷桩等复合桩体作坝体。重力式坝体既挡土又止水，给坑内创造宽敞的施工空间和可降水的施工环境。

基坑深度一般在 5～6 m，故可采用反铲挖土机配合运土汽车在地面作业。由于采用止水重力坝，地下水位一般都比较高，因此很少使用正铲下坑挖土作业。

2.直立壁内支撑开挖工艺

在基坑深度大，地下水位高，周围地质和环境又不允许做拉锚和土钉、土锚杆的情况下，一般采用直立壁内支撑开挖形式。基坑采用内支撑，能有效控制侧壁的位移，具有较高的安全度，但减小了施工机械的作业面，影响挖土机械运土汽车的效率，增加施工难度。

基坑开挖采用放坡无法保证施工安全或场地无放坡条件时，一般采用支护结构临时支挡，以保证基坑的土壁稳定。基坑支护结构既要确保坑壁稳定、坑底稳定、邻近建筑物与构筑物和管线的安全，又要考虑支护结构施工方便、经济合理、有利于土方开挖和地下工程的建造。

基坑土壁支护主要有横撑式支撑、锚碇式支撑及板桩支护等形式。横撑式土壁支撑根据挡土板的不同，分为水平挡土板和垂直挡土板，前者又分为断续式水平支撑、连续式水平支撑，如图 9-6 所示。对湿度小的黏性土，当挖土深度小于 3m 时，可用断续式水平支撑；对松散、湿度大的土可用连续式水平支撑，挖土深度可达 5 m；对松散和湿度很高的土，可用垂直挡土板支撑。

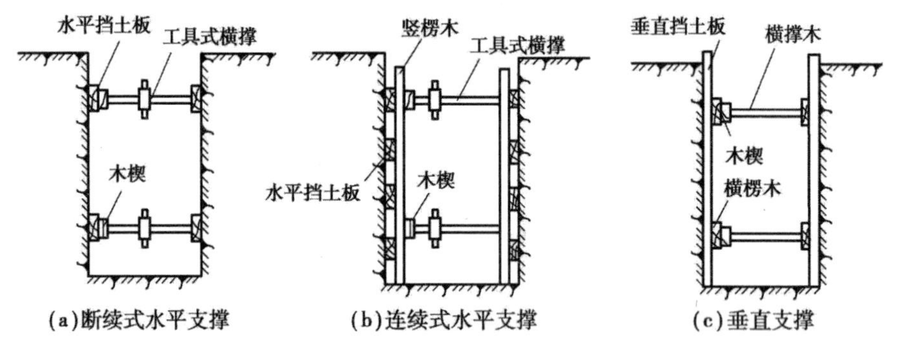

图 9-6　横撑式支撑

3.直立壁拉锚（或土钉、土锚杆）开挖工艺

当周围的环境和地质允许进行拉锚或采用土钉和土锚杆时，应选用此方式，因为直立壁拉锚开挖使坑内的施工空间宽敞，挖土机械效率较高。在土方施工中，需进行分层、分区段开挖，穿插进行土钉（或土锚杆）施工。土方分层、分区段开挖的范围应和土钉（或土锚杆）的设置位置一致，满足土钉（土锚杆）施工机械的要求，同时也要满足土体稳定性的要求。

第三节　施工排水与降水

在基坑开挖前，应做好地面排水和降低地下水位工作。开挖基坑或沟槽时，土的含水层被切断，地下水会不断地渗入基坑。雨季施工时，地面水也会流入基坑。为了保证施工的正常进行，防止边坡塌方和地基承载力下降，在基坑开挖前和开挖时必须做好排水降水工作。基坑排水降水方法，可分为明排水和井点降水法。

一、明排水法

明排水法（集水井降水法）是采用截、疏、抽的方法来进行排水。即在开挖基坑时，沿坑底周围或中央开挖排水沟，再在沟底设置集水井，使基坑内的水经排水沟流向集水井内，然后用水泵抽出坑外，如图 9-7 所示。如果基坑较深，可采用分层明沟排水法（图 9-8），一层一层地加深排水沟和集水井，逐步达到设计要求的基坑断面和坑底标高。

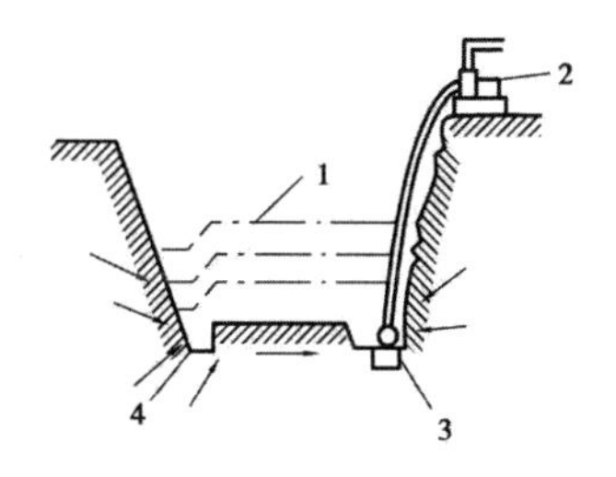

1-基坑；2-水泵；3-集水井；4-排水沟

图 9-7　集水井降水法

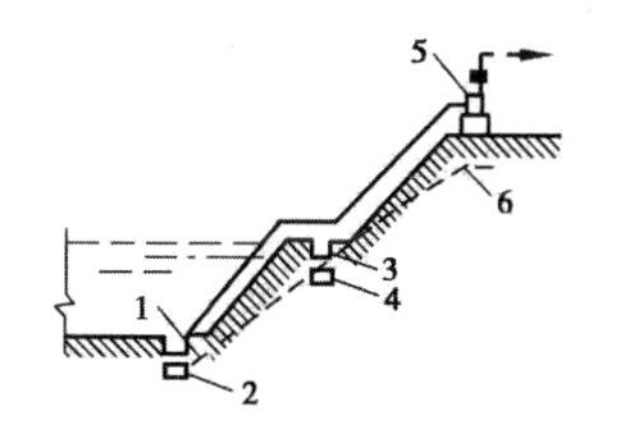

1-底层排水沟；2-底层集水井；3-二层排水沟；4-二层集水井；5-水泵；6-水位降低线

图 9-8　分层明沟排水法

为防止基底上的土颗粒随水流失而使土结构受到破坏，集水井应设置于基础范围之外，地下水走向的上游。根据地下水量、基坑平面形状及水泵的抽水能力，每隔 20～40m 设置一个集水井。集水井的直径或宽度一般为 0.6～0.8 m，其深度随挖土的加深而加深，并保持低于挖土面 0.7～1.0 m。井壁可用竹、木等材料简易加固。当基坑挖至设计标高后，井底应低于坑底 1.0～2.0 m，并铺设碎石滤水层（0.3 m 厚）或下部砾石（0.1 m 厚）上部粗砂（0.1 m 厚）的双层滤水层，以免由于抽水时间较长而将泥沙抽出，并防止井底的土被扰动。

明排水法设备少，施工简单，应用广泛。但是当基坑开挖深度大，地下水的动水压力和土的组成可能引起流砂、管涌、坑底隆起和边坡失稳时，则宜采用井点降水法。

二、地下水控制

依据场地的水文地质条件、基础规模、开挖深度、各土层的渗透性能等，可选择集水明排、降水以及回灌等方法单独或组合使用。常用地下水控制方法及适用条件宜符合表 9-2 的规定。

表 9-2　常用地下水控制方法及适用条件

<table>
<tr><th colspan="2">方法名称</th><th>土　类</th><th>渗透系数
/（cm·s^{-1}）</th><th>降水深度
（地面以下）/m</th><th>水文地质
特征</th></tr>
<tr><td colspan="2">集水明排</td><td rowspan="6">填土、黏性土、
粉土、砂土</td><td rowspan="3">1×10^{-7}～2×10^{-4}</td><td>≤3</td><td rowspan="6">上层滞水
或潜水</td></tr>
<tr><td rowspan="7">降
水</td><td>轻型井点</td><td>≤6</td></tr>
<tr><td>多级轻型井点</td><td>6～10</td></tr>
<tr><td>喷射井点</td><td>1×10^{-7}～2×10^{-4}</td><td>8～20</td></tr>
<tr><td>电渗井点</td><td><1×10^{-7}</td><td>6～10</td></tr>
<tr><td>真空降水管井</td><td>>1×10^{-5}</td><td>>6</td></tr>
<tr><td>降水管井</td><td>黏性土粉土、砂土、
碎石土、黄土</td><td>>1×10^{-5}</td><td>>6</td><td>含水丰富
的潜水、承
压水和裂
隙水</td></tr>
<tr><td colspan="2">回灌</td><td>填土、粉土、砂土、
碎石土、黄土</td><td>>1×10^{-5}</td><td>不限</td><td>不限</td></tr>
</table>

（一）井点降水

井点降水，就是在基坑开挖前，预先在基坑四周埋设一定数量的滤水管（井），利用抽水设备从中抽水，使地下水位降落到坑底以下，直至施工结束为止。这样，可使所挖的土始终保持干燥状态，改善施工条件，同时还使动力水压力方向向下，从根本上防止流砂发生，并增加土中有效应力，提高土的强度或密实度。因此，井点降水法不仅是一种施工措施，也是一种地基加固方法，采用井点降水法降低地下水位可适当改陡边坡以减少挖土数量，但在降水过程中，基坑附近的地基土壤会有一定沉降，施工时应加以注意。

井点降水法有轻型井点、电渗井点、喷射井点降水管井、真空降水管井，应根据基坑开挖深度、拟建场地的水文地质条件、设计要求等，在现场进行抽水试验确定降水参数，并制订合理的降水方案，各类降水井的布置要求宜符合表 9-3 的规定。

表 9-3　各类降水井的布置要求

降水井类型	降水深度（地面以下）/m	降水布置要求
轻型井点	≤6	井点管排距不宜大于 20 m，滤管顶端宜位于坑底以下 1～2 m。井管内真空度不应小于 65 kPa
电渗井点	6～10	利用喷射井点或轻型井点设置，配合采用电渗法降水。较适用于黏性土，采用前，应进行降水试验确定参数
多级轻型井点	6～10	井点管排距不宜大于 20m，滤管顶端宜位于坡底和坑底以下 1～2 m。井管内真空度不应小于 65 kPa
喷射井点	8～20	井点管排距不宜大于 40 m，井点深度与井点管排距有关，应比基坑设计开挖深度大 3～5 m
降水管井	＞6	井管轴心间距不宜大于 25 m，成孔直径不宜小于 600 mm，坑底以下的滤管长度不宜小于 5 m，井底沉淀管长度不宜小于 1 m
真空降水管井		利用降水管井采用真空降水，井管内真空度不应小于 65 kPa

轻型井点降低地下水位，是沿基坑周围以一定的间距埋入井点管（下端为滤管）至蓄水层，在地面上用集水总管将各井点管连接起来，并在一定位置设置抽水设备，利用真空泵和离心泵的真空吸力作用，使地下水经滤管进入井管，然后经总管排出，从而降低地下水位。

轻型井点设备由管路系统和抽水设备组成，如图 9-9 所示。管路系统由滤管、井点管、弯联管及总管等组成。滤管（图 9-10）是长 1.0～1.2 m、外径为 38～51 mm 的无缝钢管，管壁上钻有直径为 12～19 mm 的星棋状排列的滤孔，滤孔面积为滤管表面积的 20%～25%。滤管外面包括两层孔径不同的滤网。内层为细滤网，采用 30～40 眼/cm^2 的铜丝布或尼龙丝布；外层为粗滤网，采用 5～10 眼/cm^2 的塑料纱布。为使流水畅通，管壁与滤网之间用塑料管或铁丝绕成螺旋形隔开，滤管外面再绕一层粗铁丝保护，滤管下端为一铸铁头。

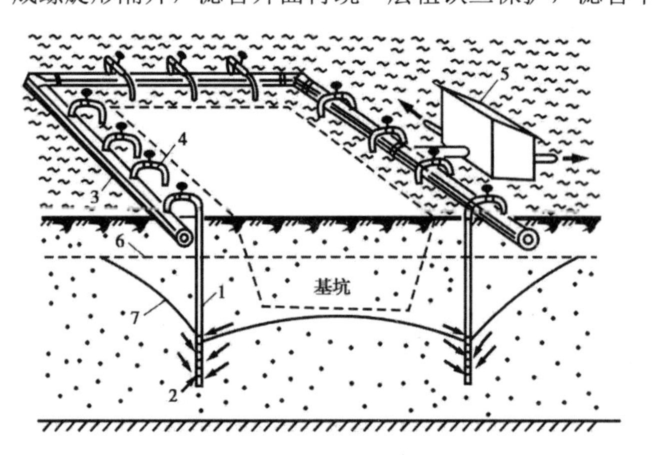

1-井点管；2-滤管；3-总管；4-弯联管；5-水泵房；6-原有地下水位线；7-降低后地下水位线

图 9-9　轻型井点降低地下水位图

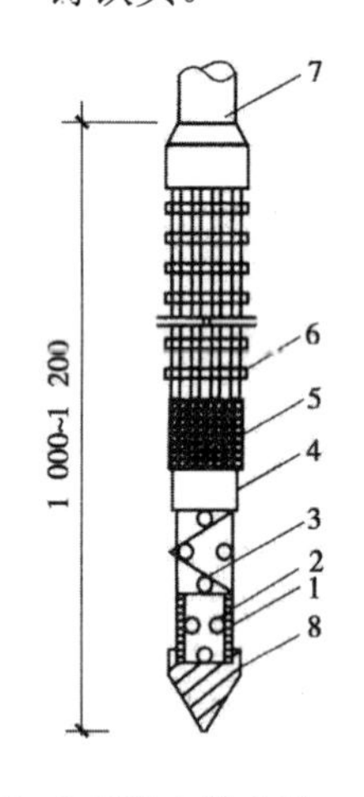

1-滤管；2-管壁上的小孔；3-缠绕的塑料管；4-细滤网；5-粗滤网；6-粗铁丝保护网；7-井点管；8-铸铁头

图 9-10　滤管构造

井点管用直径 38～55 mm、长 6～9 m 的无缝钢管或焊接钢管制成，下接滤管，上端通过弯联管与总管相连。弯联管一般采用橡胶软管或透明塑料管，后者可以随时观察井点管出水情况。井点管水平间距宜为 0.8～1.6 m（可根据不同土质和预降水时间确定）。

集水总管为直径 100～127 mm 的无缝钢管，每节长 4 m，各节间用橡皮套管连接，并用钢箍箍紧，防止漏水。总管上装有与井点管连接的短接头，间距为 0.8 m 或 1.2 m。

抽水设备由真空泵、离心泵和水气分离器（又称为集水箱）等组成。

（二）截水

由于井点降水会引起周围地层的不均匀沉降，但在高水位地区开挖深基坑必须采用降水措施以保证地下工程的顺利进展，因此，一方面要保证基坑工程的施工，另一方面又要防范对周围环境引起的不利影响。施工时一方面设置地下水位观测孔，并对临近建筑、管线进行监测，在降水系统运转过程中随时检查观测孔中的水位，发现沉降量达到报警值时应及时采取措施。同时如果施工区周围有湖、河等贮水体时，应在井点和贮水体之间设置止水帷幕，以防抽水造成与贮水体穿通，引起大量涌水，甚至带出土颗粒，产生流砂现象。在建筑物和地下管线密集区等对地面沉降控制有严格要求的地区开挖深基坑，应尽可能采取止水帷幕，并进行坑内降水的方法，一方面可疏干坑内地下水，以利开挖施工；另一方面可利用止水帷幕切断坑外地下水的涌入，大大减小对周围环境的影响。

止水帷幕的厚度应满足基坑防渗要求，当地下含水层渗透性较强、厚度较大时，可采用悬挂式竖向截水与坑内井点降水相结合，或采用悬挂式竖向截水与水平封底相结合的方案。

（三）回灌

场地外缘设置回灌系统也是减小降水对周围环境影响的有效方法。回灌系统包括回灌井点和砂沟、砂井回灌两种形式。回灌井点是在抽水井点设置线外 4～5m 处，以间距 3～5m 插入注水管，将井点中抽取的水经过沉淀后用压力注入管内，形成一道水墙，以防止土体过量脱水，而基坑内仍可保持干燥。这种情况下抽水管的抽水量约增加 10%，则可适当增加抽水井点的数量。回灌可采用井点、砂井、砂沟等。

参考文献

[1]孙鹏.T 港口码头工程质量控制研究[D].辽宁：大连理工大学，2019.

[2]任建喜.岩土工程测试技术.武汉：武汉理工大学出版社，2009.

[3]刘立宇.建立质量控制体系的六个步骤[J].中国内部审计，2020，（4）：89-90.

[4]沈良峰，龙晴.装配式住宅全寿命期 IWBS 过程管理体系研究[J].建筑经济，2018，39（11）：70-75.

[5]周贻鑫.中、美、欧岩土工程勘察规范对比研究[D].东南大学，2015.

[6]王淑雨，方华，王迎春.铁路建设工程质量形势评估研究[J].铁道工程学报，2016，33（05）：129-133.

[7]张宝锋，赵勇，韩斌.海上升压站建造阶段质量控制[J].热力发电，2019，48（07）：137-141.

[8]王国庆，肖智文，朱建明，秦红江.基于 WBS-RBS 的突发事件应急资源需求匹配研究[J].中国安全生产科学技术，2017，13（10）：59-63.

[9]杨晓，王玉玫.基于改进层次分析法的作战目标优选研究[J].计算机应用与软件，2018，35（04）：28-32.

[10]冯沈峰、高建华.基于 AHP 的回归测试用例优先级排序方法[J].计算机学.2019.08.46（8）：233-238.

[11]刘冰.山东省气象干旱特征研究[D].华北水利水电大学.2014.

[12]李鲁洁，董娜，熊峰，罗苓隆，李弘扬.基于 Cov-AHP 与等级联系度的施工项目管理绩效评价研究.广西师范大学学报，2019.7.37（3）：111-119.

[13]陈康娣.卓越绩效模式在企业管理中的应用研究——以 TS 公司为例[J].中国经贸导刊，2019，（20）：74-76.

[14]刘洪程.基于卓越绩效的建筑企业客户关系管理研究[J].建筑经济，2018，39（12）：56-58.

[15]孙宗田.卓越绩效模式在企业营销管理中的应用[J].中国商论，2018，（9）：58-59.

[16]中华人民共和国住房和城乡建设部.JGJ79-2012 建筑地基处理技术规范[S].北京：中国建筑工业出版社，2012.

[17]王达，何远信.地质钻探手册[M].长沙：中南大学出版社，2014.

[18]殷琨，王茂森，彭视明.冲击回转钻进技术[M].北京：地质出版社，2010.

[19]何清华，朱建新，刘祯荣.旋挖钻机设备、施工与管理[M].长沙：中南大学出版社，2016.

[20]赵大军.岩土钻掘设备[M].长沙：中南大学出版社，2010.

[21]李晶，尹洪峰.工程岩土学.沈阳：东北大学出版社，2006.